ZEITSCHRIFT FÜR ANGEWANDTE GEOLOGIE

HERAUSGEGEBEN VON

DER STAATLICHEN GEOLOGISCHEN KOMMISSION

UND DER ZENTRALEN VORRATSKOMMISSION

DER DEUTSCHEN DEMOKRATISCHEN REPUBLIK

AUS DEM INHALT

Juschko
Die Methodik der Ausführung spezieller chemischer Reaktionen

W. & R. Remy
Über die Möglichkeit der Flözparallelisierung im Plötz-Löbejüner Raum

Chryploff
Zur Paläogeographie der Unterkreide Deutschlands und zur Wanderung (Migration) der Meeresfauna

Bokserman
Verflüssigung von Erdgas

Oelsner
Zur Methodik der geologischen Erkundung in Abhängigkeit von den Lagerstättentypen

Rogge & Miehlke
Zu den jüngsten Küstenrückgängen bei Kühlungsborn und Graal-Müritz-Neuhaus

R. Köhler
Aus dem Erdbaulaboratorium der Staatlichen Geologischen Kommission

BAND 4 / HEFT 7
JULI 1958
SEITE 305-352

AKADEMIE-VERLAG · BERLIN

INHALT

	Seite
S. A. JUSCHKO: Die Methodik der Ausführung spezieller chemischer Reaktionen	305
W. & R. REMY: Über die Möglichkeit der Flözparallelisierung im Plötz-Löbejüner Raum	311
G. CHRYPLOFF: Zur Paläogeographie der Unterkreide Deutschlands und zur Wanderung (Migration) der Meeresfauna	312
J. I. BOKSERMAN: Verflüssigung von Erdgas	315
O. OELSNER: Zur Methodik der geologischen Erkundung in Abhängigkeit von den Lagerstättentypen	322
H. J. ROGGE & O. MIEHLKE: Zu den jüngsten Küstenrückgängen bei Kühlungsborn und Graal-Müritz-Neuhaus	332
R. KÖHLER: Aus dem Erdbaulaboratorium der Staatlichen Geologischen Kommission	337
E. LANGE: Der Begriff „Petrochemie"	344
I. WASBUZKY & D. BACH: 5. Jahrestagung der Geologischen Gesellschaft in der Deutschen Demokratischen Republik vom 24. bis 28. April 1958 in Stralsund	344
Lesesteine	346
Besprechungen und Referate	347
Nachrichten und Informationen	351

Die ZEITSCHRIFT FÜR ANGEWANDTE GEOLOGIE berichtet ständig ausführlich über folgende Arbeitsgebiete: Geologische Grundlagenforschung und Lagerstättenforschung / Methodik der geologischen Erkundung / Ökonomie und Planung der geologischen Erkundung / Technik der geologischen Erkundung / Geologie und Lagerstättenkunde im Ausland / Bibliographie, Verordnungen, Richtlinien, Konferenzen, Personalnachrichten

Die ZEITSCHRIFT FÜR ANGEWANDTE GEOLOGIE ist kein Organ einer engen Fachgruppe. Auf ihren Seiten können alle strittigen Fragen der praktischen Geologie behandelt werden. Die Autoren übernehmen für ihre Aufsätze die übliche Verantwortung.

Herausgeber: Staatliche Geologische Kommission und Zentrale Vorratskommission für mineralische Rohstoffe der Deutschen Demokratischen Republik. Chefredakteur: Prof. Dr. Erich Lange, Berlin. Redaktion: Berlin N 4, Invalidenstraße 44. Verlag: Akademie-Verlag GmbH, Berlin W 8, Mohrenstraße 39 (Fernsprecher 200386, Postscheckkonto: Berlin 35021). Bestell- und Verlagsnummer des Heftes: 1047/4/7. Die „Zeitschrift für angewandte Geologie" erscheint monatlich. Bezugspreis 2,– DM je Heft, Doppelheft 4,–DM. – Satz und Druck: Druckhaus „Maxim Gorki", Altenburg. Veröffentlicht unter der Lizenznummer ZLN 5008 des Ministeriums für Kultur, Hauptverwaltung Verlagswesen. Karten: MdI. der DDR Nr. 4158, 4162 / K 11. Printed in Germany.

ZEITSCHRIFT FÜR ANGEWANDTE GEOLOGIE

CHEFREDAKTEUR: PROF. DR. E. LANGE

BAND 4 · JULI 1958 · HEFT 7

Die Methodik der Ausführung spezieller chemischer Reaktionen[1)]

S. A. JUSCHKO, Moskau

1. Die Reaktionen nach der Abdruckmethode

a) Anwendung der Methode

Die chemischen Reaktionen nach der Abdruckmethode werden bei der Untersuchung von Erzmineralien im Auflicht häufig angewandt. Die Methodik der Ausführung ist in der Anleitung zur Erzmikroskopie von S. A. JUSCHKO (1939, 1940, 1949, 1952) beschrieben. Die Abdruckmethode wird zum Nachweis der chemischen Elemente, die in den erzbildenden Mineralien vorhanden sind, angewandt. Sie dient zur Diagnostik der erzbildenden Mineralien und zur Bestimmung ihrer flächenmäßigen Verteilung auf der Oberfläche eines polierten Schliffes. Diese Reaktionsmethoden kann man mit Erfolg bei Kernproben anwenden, weil man mit Hilfe des Abdruckes die Abwicklung des Kernes erhält, auf dem die flächenmäßige Verteilung der Mineralien bestimmter Elemente sichtbar ist.

b) Die Vorbehandlung des Photopapiers und die Technik der Anfertigung von Abdrücken

Das zur Abdruckmethode verwendete Photopapier bearbeitet man vorher mit Hyposulfit zur Entfernung des Silbersalzes von seiner Oberfläche. Die Hyposulfitlösung bereitet man wie folgt vor: 100 g trockenes Salz löst man in 500 cm^3 Wasser. Das Photopapier legt man für 20—40 Minuten in diese Lösung. Nach diesem Bad ist ein gründliches Abwaschen mit Wasser und anschließende Trocknung erforderlich. Sehr gut läßt sich auch Gelatinepapier, das man in jeder Photopapierfabrik bekommen kann, verwenden. Um den Abdruck zu erhalten, bringt man auf die Gelatineschicht des Photopapiers das Lösungsmittel, das zur Lösung des Minerals vorgesehen ist. Anschließend bedeckt man mit dem angefeuchteten Photopapier die glatte Oberfläche des Minerals (Kern oder polierter Schliff), drückt es auf und wartet die zur Lösung erforderliche Zeit ab (s. Tabelle S. 308—309). Um einen guten Abdruck zu erhalten, kann man Handpressen verwenden, auf die man ein zusätzliches Gewicht legt. Sobald der Abdruck vorliegt, entwickelt man mit einem entsprechenden Reagenz (Entwickler genannt). Dies ergibt mit dem betreffenden Element des Minerals eine farbige Reaktion.

c) Die Bedingungen, um klare und beständige Abdrücke zu erhalten

Um klare, nicht verschwommene Abdrücke auf dem Photopapier zu erzielen, muß man folgende Regeln genau einhalten:

1. Das Photopapier muß vor dem Aufdrücken feucht, nicht naß sein. Zu große Mengen des Lösungsmittels müssen entfernt werden, am besten durch Abdrücken mit Filterpapier.

2. Bei der Bearbeitung des Photopapiers mit einigen Reagenzien muß man vor dem Auftragen des neuen Reagenz das alte sehr sauber mit Filterpapier abnehmen.

3. Vor der Anfertigung des Abdruckes muß die Schliffoberfläche sehr gut poliert sein.

4. Die Belichtungszeit, d. h. die Zeit, die zur Lösung des Minerals erforderlich ist, muß vorher bestimmt werden. Die Qualität des Abdruckes erkennt man an seiner Farbe. Sie muß der des Salzes entsprechen, das man beim Einwirken des entsprechenden chemischen Elements mit dem Reagenz erhält. Die Beständigkeit des Abdrucks hängt davon ab, an welchen Stellen der Gelatine das gelöste chemische Element fixiert ist. Wenn das Lösungsmittel und die Belichtungszeit günstig gewählt sind, dann fixiert sich die Lösung lediglich in den Poren der Gelatine. Der Abdruck ist nach dem Entwicklen beständig und läßt sich mit Wasser nicht abwaschen. Verwendet man starke Lösungsmittel und längere Belichtungszeiten, so verbreitet sich die Lösung außerhalb der Gelatineporen. Nach dem Entwickeln des farbigen Films, der sich auf der Oberfläche bildet, verlaufen die Farben, und der Abdruck läßt sich durch Wasser abwaschen.

5. Weiterhin ist es erforderlich, daß das Reagenz, das man als Lösungsmittel verwendet, in Wasser chemisch nichtlösliche Salze bildet. Im anderen Fall läßt sich die Farbe mit Wasser abwaschen, wird sehr blaß und kann völlig verschwinden. Häufig kann ein und dasselbe Reagenz farbige Reaktionen mit einigen chemischen Elementen ergeben, die im zu analysierenden Mineral nebeneinander vertreten sind. Wenn eines dieser Elemente mit dem Reagenz ein in Wasser lösliches Salz bildet, kann man es später mit Wasser abwaschen; das im Wasser unlösliche Salz bleibt jedoch zurück.

Um Reaktionen mit chemischen Elementen zu erzielen, die in den erzbildenden Mineralien auftreten, kann man Photopapier, das vorher mit entsprechenden Reagenzien behandelt wurde, verwenden. Dies gibt uns die Möglichkeit, die Standardreagenzien bis auf ein Minimum zu verringern. Bearbeitet man das Photopapier vorher mit gelbem Blutlaugensalz, muß es anschließend getrocknet werden. Um einen Abdruck zu erhalten, reicht es aus, wenn man es mit dem Lösungsmittel tränkt und mit Filterpapier abdrückt. Nun bedeckt man den Schliff oder den Kern mit diesem Photo-

---

[1)] Aus S. A. JUSCHKO, Neue Methoden der mineralogischen Untersuchung von Oxydationserzen. Moskau 1955. Übersetzt und redigiert von K. FEIRER und W. BEYER, Aue.

papier. Nach Ablauf einer gewissen Zeit, die man experimentell bestimmt hat, gelingt es, direkte Abdrücke von FeO, Cu, U und Mo zu erhalten. Bearbeitet man das Photopapier mit einer Lösung von Quecksilberrhodansalz und einer Zinknitratlösung, dann genügt es für den Abdruck, ihn mit Salpetersäure (1:1) zu befeuchten und ihn auf den bestimmten Schliff oder Kern zu decken. Nach Ablauf von 2—3 Minuten erhält man dann die Abdrücke von Co usw.

In der Anleitung zur Erzmikroskopie ist die Herstellung von Abdrücken der Mineralien mit sehr schwachen Lösungsmitteln enthalten, was uns die Möglichkeit gibt, die polierte Oberfläche des Schliffes zu erhalten und sehr beständige Abdrücke zu erreichen. Für einige schwerlösliche Mineralien, die elektrisch leitend sind, kann man die Löslichkeit unter Anwendung elektrischen Stroms erhöhen. Jedoch hat der größte Teil der oxydischen Erzmineralien nur eine sehr geringe Leitfähigkeit oder leitet den Strom überhaupt nicht. In diesem Fall ist die Anwendnng des elektrischen Stroms nicht angebracht, und der Autor empfiehlt zur Herstellung der Abdrücke starke Lösungsmittel.

Einige Mineralien sind schwer löslich nicht nur in schwachen, sondern auch in starken Säuren. Abdrücke für diese Mineralien erhält man nach einer vorherigen Behandlung des polierten Schliffs. Um zum Beispiel einen scharfen und beständigen Abdruck von Kupferkies und Zinkblende zu erhalten, bearbeitet man die polierte Oberfläche mit Dämpfen von Königswasser bis zur Bildung eines ziegelbraunen Anflugs. Die polierte Oberfläche des Schliffes, der Molybdänglanz enthält, bearbeitet man mit einer basischen Lösung von Permanganat bis zur Bildung eines irisierenden Anflugs. Anschließend wischt man den Schliff mit Wasser ab. Nach dieser Bearbeitung bringt man die polierte Oberfläche des Schliffs auf das Photopapier, das mit dem Lösungsmittel getränkt ist.

2. Die mineralogische Phasenanalyse der Erze

a) Allgemeine Prinzipien der Phasenanalyse nach der Abdruckmethode

Unter der Phasenanalyse versteht man eine chemische Analyse, mit der festgestellt werden kann, in welcher Mineralform die chemischen Elemente auftreten können. Man führt sie mit einer Reihe von Lösungsmitteln durch, die nur je ein Mineral aus einer bestimmten Gruppe mit dem entsprechenden Element lösen. Die Fraktionslösung der Minerale im Erz kann man auf verschiedene Weise durchführen:

1. Lösung eines oder einiger Mineralien, die ähnliche Löslichkeit haben und die die andere Mineralform nicht angreifen;

2. Lösung aller Minerale des Erzes mit Ausnahme eines oder einer Gruppe von Mineralien.

Der schwierigste Schritt bei der Durchführung der Phasenanalyse ist die Auswahl der Lösungsmittel, die gleichmäßig auf das Mineral einwirken müssen. Das eine oder andere Mineral verschiedener Lagerstätten wird oft unterschiedlich von ein und demselben Lösungsmittel gelöst. Manchmal löst es sich überhaupt nicht. Bekanntlich hängt die Löslichkeit der Mineralien von der Zusammensetzung, den idiomorphen Beimischungen, von der Größe der Kristalle und vom Grad der Kristallisation ab. Wenn bei der Durchführung der allgemeinen Phasenanalyse der Charakter der Mineralkörner bis zu einem gewissen Grad nicht berücksichtigt zu werden braucht, so haben bei der Durchführung der Phasenanalyse mit Abdruck das Kristallkorn mit seiner Größe, der Kristallisationsgrad und auch die Orientierung einen großen Einfluß auf die Löslichkeit des Minerals. Auch die Vergesellschaftung mit leichter löslichen Mineralien beeinflußt die Löslichkeit stark. So verlangsamt der leicht lösliche Kalkspat die Lösung eines schwerer löslichen Minerals, wenn man verdünnte Säuren benutzt.

Der Abdruck entspricht fast völlig der Fläche, die das Mineral, in dem sich das zu bestimmende Element befindet, im polierten Schliff einnimmt. Treten in einem Schliff mehrere Minerale mit dem gleichen Element auf, so erhält man nach dem Entwickeln des Photopapiers einen farbigen Abdruck, der den Flächen entspricht, die diese Mineralien einnehmen. Wenn es gelingt, ein Reagenz auszuwählen, das nur ein Mineral löst, so erscheint auf dem farbigen Abdruck nur ein Mineral. Um in einem Anschliff alle Formen des Minerals mit einem farbigen Abdruck zu erhalten, ist es erforderlich, daß man experimentell ein geeignetes Reagenz sucht.

Um eine Zerstörung der Oberfläche des Anschliffes zu vermeiden, beginnt man mit dem schwächsten Lösungsmittel. Der Abdruck, der mit Hilfe des schwächsten Lösungsmittels erhalten wurde, entspricht der Fläche eines einzigen Minerals im Anschliff. Alle anderen Abdrücke, die man mit Hilfe stärkerer Lösungsmittel erhält, können gleichzeitig einigen Mineralien entsprechen. Die Intensität der Färbung auf dem Abdruck ist dann verschieden. Eine intensivere Färbung entspricht dann einem leichtlöslicheren Mineral. Diese intensive Färbung ist meist nicht beständig. Sie verschwindet nach dem Waschen im Wasser und läßt meist einen hellen Fleck zurück, der von einem dünnen farbigen Rand umgeben ist.

b) Beispiele der Phasenanalyse verschiedener Erztypen mit der Abdruckmethode

In der beiliegenden Tabelle sind die Reagenzien für verschiedene Erztypen angeführt. Die Anwendung der Phasenanalyse gibt dem Mineralogen die Möglichkeit, verschiedene Mineralien, die im Erz vorhanden sind, zu bestimmen. Die Diagnostik der Mineralien, die ein Element gemeinsam haben, wird auf Grund ihrer unterschiedlichen Löslichkeit mit verschiedenen Reagenzien erzielt (Wasser, Säuren verschiedener Konzentration). Es werden Beispiele zur Bestimmung verschiedener Blei-, Zink-, Kupfer- und Eisenminerale mit Hilfe der Phasenanalyse erläutert.

Bestimmung von Bleimineralien

Wenn im Erz Bleiglanz, Anglesit, Cerussit, Vanadinit und Wulfenit vorhanden sind und die flächenmäßige Verteilung zu klären ist, dann geht man wie folgt vor: Um die Fläche des Anglesits zu bestimmen, läßt man auf das Photopapier 10%ige Essig- oder Salpetersäure (1:1) einwirken. Man legt das Papier zwei Minuten auf die polierte Fläche und entwickelt anschließend mit 5%igem Kaliumjodid. Auf dem Papier entwickeln sich zitronengelbe Flecken, die fast völlig der Fläche des Anglesits entsprechen.

Zur Bestimmung von Plumbojarosit läßt man stark verdünnte Salpetersäure (1:40) auf das Photopapier einwirken, legt es zwei Minuten auf die polierte Schliffoberfläche und entwickelt in 5%igem Kaliumjodid. Auf dem Papier entsteht eine zitronengelbe Farbe, die der Fläche von Plumbojarosit entspricht.

Zur Bestimmung des Eisens im Plumbojarosit läßt man verdünnte Salpetersäure (1:40) auf das Papier einwirken und legt es zwei Minuten auf die polierte Oberfläche des Erzes. Es wird anschließend mit rotem Blutlaugensalz entwickelt. Im Plumbojarosit vorhandenes Eisen ergibt blaue Flecken auf dem Photopapier, die fast der Fläche des Plumbojarosits gleichkommen. Mit dieser Methode kann man Plumbojarosit leichter bestimmen als mit der optischen Methode, mit der er sich sehr schwer nachweisen läßt.

Um die Fläche des Cerussits zu bestimmen, läßt man Salpetersäure (1:20) auf das Photopapier einwirken und legt es auf die polierte Fläche. Nach Verlauf von zwei Minuten behandelt man das Papier mit 5%igem Kaliumjodid. Es entwickeln sich Flächen mit gelber Färbung, die der des Cerussits entsprechen. Gleichzeitig mit dem Cerussit kann auch Vanadinit als gelbe Fläche erscheinen. Zur Bestimmung der Verteilung des Vanadinits ist eine Reaktion zur Bestimmung des Vanadiums erforderlich. Dafür verwendet man ein neues Stück Photopapier und läßt Salpetersäure (1:20) einwirken, bringt es zum Kontakt mit dem Schliff und behandelt anschließend mit konzentrierter Lösung von essigsaurem Benzidin oder mit Wasserstoffperoxyd. Bei Behandlung mit Benzidin entwickeln sich blaue Flächen, die der Fläche des Vanadinits entsprechen. Bei der Entwicklung mit Wasserstoffperoxyd entsteht an den gleichen Stellen eine orangerote Färbung. Der Abdruck, den man nach der Behandlung erhält, ist nicht beständig. Beim Vergleich der gefärbten Flächen, die man mit Kaliumjodid, Benzidin oder Wasserstoffperoxyd erhalten hat, kann man die Verbreitung des Cerussits bestimmen.

Wenn man das Photopapier mit Salpetersäure (1:1) anfeuchtet, es dann auf die polierte Schliffoberfläche bringt und entwickelt, nachdem man es zwei Minuten mit 5%igem Kaliumjodid behandelt hat, so zeigen sich auf dem Papier gelbe und grüngelbe Flecken. Diese entsprechen der flächenmäßigen Verteilung von Wulfenit und Bleiglanz. Doch bemerkt man dabei, daß der Abdruck erst grün und dann schwarz wird. Es handelt sich hier um eine Zersetzung des Kaliumjodids in Anwesenheit von Schwefelwasserstoff, der bei der Lösung des Bleiglanzes frei wird. Um eine Schwärzung des Photopapiers zu vermeiden, behandelt man es vor dem Entwickeln mit verdünnter Essigsäure. Ohne vorherige Behandlung des Photopapiers kann es vorkommen, daß das Blei des Bleiglanzes nicht sichtbar wird.

Zur Bestimmung des Molybdäns im Wulfenit befeuchtet man das Photopapier mit Salpetersäure und bringt es zwei Minuten auf die polierte Oberfläche. Man entwickelt mit gelbem Blutlaugensalz oder Kaliumrhodanid und Zinnchlorid. Auf dem Photopapier, welches mit rotem Blutlaugensalz entwickelt wurde, treten grünbraune Färbungen auf. Diese entsprechen der Verteilung des Wulfenits im Schliff. Es ist zu bemerken, daß der Abdruck, der mit Kaliumrhodanid und Zinnchlorid entwickelt wurde und rotbraun ist, nicht beständig ist, sich beim Spülen mit Wasser verwischt und sich langsam entfärbt.

Bestimmung von Zinkmineralien

Bei gleichzeitigem Auftreten von Zinkblende, Smithsonit, Monheimit, Calamin, Hydrozinkit, Aurichalcit und Goslarit im Erz verfährt man folgendermaßen.

Zur Feststellung des Vorhandenseins und der flächenmäßigen Verteilung von Goslarit tränkt man das Photopapier mit Wasser, besser aqua dest. und bringt es auf die Schliffoberfläche. Nach zwei Minuten entfernt man das Photopapier und behandelt es mit 1%iger Kupfernitratlösung oder Kobaltnitratlösung und anschließend mit Quecksilberrhodanlösung. Es entwickeln sich auf dem Photopapier blauviolette Färbungen durch Quecksilberrhodansalze von Kupfer und Zink, die genau den Flächen des Goslarits entsprechen. Verwendet man als Entwickler Kobaltnitrat und Quecksilberrhodansalz, so ist die Färbung mittelblau (Quecksilberrhodansalz von Kobalt und Zink). Diese Reaktion hat große Bedeutung. Man kann damit Goslarit im Erz bestimmen, der sich infolge seiner Leichtlöslichkeit mit anderen Methoden nicht bestimmen läßt. Tränkt man das Photopapier mit einer stark verdünnten Salpeterlösung (1:40) und behandelt damit die polierte Oberfläche, so bilden sich danach mit Kupfer- oder Kobaltnitrat und Quecksilberrhodansalz Färbungen. Bei Anwendung von Kupfernitrat bildet sich eine violettblaue Färbung, im anderen Falle aber eine Blaufärbung, die genau der flächenmäßigen Verteilung des Hydrozinkits entspricht.

Oft wird bei der Anwendung von Quecksilberrhodansalz zur Bestimmung von Zink auch Eisen nachgewiesen, welches als isomorphe Beimengung im Hydrozinkit auftritt. Eisen stört die Reaktion auf Zink. Zur Entwicklung des Zinks wäscht man den Abdruck durch zwei- bis dreiminutiges Eintauchen in Wasser. Die rotbraune Farbe des Eisenrhodans verschwindet, und man erkennt klar die blauviolette oder blaue Färbung des Zinks. Die dunkelsten und unbeständigsten Flächen auf dem Photopapier entsprechen dem Goslarit. Wenn im Schliff neben Hydrozinkit auch Aurichalcit zu erwarten ist, befeuchtet man das Photopapier mit Salpetersäure (1:40) und entwickelt nur mit Quecksilberrhodansalz ohne Zugabe von Kupfersalz. Auf dem Photopapier entsteht eine blauviolette Färbung, die der flächenmäßigen Verteilung des Aurichalcits entspricht. Die Fläche des Aurichalcits kann man auch wie folgt bestimmen: Man tränkt das Photopapier mit Salpetersäure (1:40), legt es zwei Minuten lang auf die polierte Oberfläche und entwickelt mit gelbem Blutlaugensalz oder Rubeansäure und Ammoniak, um den Kupferabdruck zu erhalten. Die flächenmäßige Verteilung des Aurichalcits wird im ersten Fall durch eine rosabraune Färbung und im zweiten durch eine graugrüne gekennzeichnet.

Zur Bestimmung der Fläche des Calamins befeuchtet man das Photopapier mit einer verdünnten Lösung von Salpetersäure (1:20) und bringt es mit dem Schliff zum Kontakt. Man entwickelt nach 2 Minuten mit Kupfernitrat oder Kobaltnitrat und Quecksilberrhodansalz. Im ersten Fall entstehen blauviolette und im zweiten Fall blaue Färbungen, die den Flächen des Calamins im Schliff entsprechen. Zusammen mit Calamin entwickelten sich Goslarit, Hydrozinkit und Aurichalcit. Die Abdrücke dieser Mineralien sind nicht beständig, weil sie eine große Löslichkeit besitzen. Man kann sie leicht mit Wasser abwaschen. Auf dem Photopapier bleichen diese Flächen, und zurück bleiben nur diejenigen, die dem Calamin entsprechen.

Zur Bestimmung von Smithsonit und seiner eisenreichen Varietät Monheimit geht man folgendermaßen vor: Man tränkt das Photopapier mit Salpetersäure (1:1) und bringt es mit dem Schliff in Berührung. Nach zwei Minuten entwickelt man mit Kupfer- oder Kobaltnitrat und Quecksilberrhodansalz. Auf dem Photopapier bilden sich blauviolette Flecken im ersten

Bestimmung der Minerale verschiedener Elemente nach der Abdruck- und Tüpfelanalyse

Chem. Element	Mineral	Lösungsmittel	Entwickler	Entwickungszeit	Färbung	Anmerkung
Blei	Cerussit	Salpetersäure 1:20	Kaliumjodid 5%ig	2 Minuten	Gelb	Vorm Entwickeln mit Essigsäure waschen
	Anglesit	Salpetersäure 1:1	Kaliumjodid 5%ig	2 Minuten	Gelb	dasselbe
	Bleiglanz	Salpetersäure 1:1	Kaliumchromat 5%ig	2 Minuten	1. Gelb 2. Orangegelb	dasselbe dasselbe
	Boulangerit	Salpetersäure 1:1	1. Kaliumjodid 5%ig 2. Kaliumchromat 5%ig	2 Minuten	1. Gelb 2. Orangegelb	dasselbe dasselbe
	Bournonit	Salpetersäure 1:1	1. Kaliumjodid 5%ig 2. Kaliumchromat 5%ig	2 Minuteu	1. Gelb 2. Orangegelb	dasselbe dasselbe
	Wulfenit	Salpetersäure 1:1	Kaliumjodid 5%ig	2 Minuten	Grüngelb	dasselbe
	Vanadinit	Salpetersäure 1: 20	Kaliumjodid 5%ig	2 Minuten	Gelb	dasselbe
	Plumbojarosit	Salpetersäure 1:40	Kaliumjodid 5%ig	2 Minuten	Gelb	dasselbe
Zink	Goslarit	Wasser	Cu-Nitrat + Quecksilberrhodansalz	2 Minuten	Blauviolett	dasselbe
	Hydrozinkit	Salzsäure 1: 20 oder Salpetersäure 1:40	dasselbe	2 Minuten	Blauviolett	Bei Anwesenheit von Fe rotbraune Färbung. Mit Wasser auswaschen.
	Aurichalcit	dasselbe	Quecksilberrhodansalz	2 Minuten	Blauviolett	Zum Nachweis von Cu und Zn
	Monheimit	dasselbe	Kupfernitrat + Quecksilberrhodansalz	2 Minuten	Blauviolett	Fe verfälscht die Zn-Färbung. Auswaschen mit Wasser.
	Calamin	Salpetersäure 1: 20	dasselbe	2 Minuten	Blauviolett	dasselbe
	Smithsonit	Salpetersäure 1:1	dasselbe	2 Minuten	Blauviolett	dasselbe
	Zinkblende	1. Salpetersäure konz. Salzsäure 2. Salzsäure 1:1	dasselbe	2 Minuten	Blauviolett	Vorher muß die Fläche mit Königswasser bearbeitet werden. Fe-Färbung mit Wasser auswaschen.
Kupfer	Kupfernitrid	Wasser	1. Rubeansäure 1%ige alkohol. Lösung	2 Minuten	1. Graugrün	1. Wird deutlicher bei Behandlung mit Ammoniak.
			2. Gelbes Blutlaugensalz 5%ig	2 Minuten	2. Rosabraun	2. Bei Behandlung mit Kalilauge blaue Farbe.
	Rotkupfererz, Buntkupferkies Kupferglanz	Ammoniak 10%ige Lösung	dasselbe	2 Minuten	1. Graugrün 2. Rosabraun	2. Vor Entwickeln mit Salpetersäure (1: 20) bearbeiten.
	Bournonit	Ammoniak 25%ige Lösung	Rubeansäure 1%ige alkohol. Lösung	2 – 5 Minuten	Graugrün	Vorherige Behandlung m. Königswasserdampf 2 – 5 Minuten.
	Azurit Malachit	Schwefelsäure 1:40	1. Rubeans. 1%ige alkohol. Lösung 2. Gelb. Blutlaugensalz 5%ig	2 Minuten	1. Graugrün 2. Rosabraun	Abdruck mit Ammoniak behandeln.
	Kupferkies Fahlerz	Ammoniak 20%ige Lösung	Rubeans. 1%ige alkohol. Lösung	3 – 5 Minuten	Graugrün	Vorherige Behandlung mit Königswasserdampf 3 – 5 Minuten.
Nickel	Violarit Polydymit	Ammoniak 25%ige Lösung	1. Dimethylglyoxim 1%ige alkohol. Lösung 2. Rubeans. 1%ige alkohol. Lösung	2 Minuten	1. Himbeerrot 2. Blauviolett	
	Pentlandit	Salpetersäure 1:1	dasselbe	1 – 2 Minuten	dasselbe	Färbung erhält man nur durch Vorbehandlung mit Ammoniak. Eisen färbt braun.
	Rotnickelkies	Schwefelsäure 1:20	dasselbe	1 – 2 Minuten	dasselbe	Färbung erhält man nur durch Bearbeitung mit Ammoniak
Kobalt	Kobaltspat	Salpetersäure 1:20	1. Rubeans. 1%ige alkohol. Lösung 2. Rotes Blutlaugensalz 5%ig 3. Salpetersaures Zn + Quecksilberrhodansalz	2 Minuten	1. Gelb 2. Rotbraun 3. Blau	Färbung nur nach Behandlung mit Ammoniak sichtbar. Eisen-Braunfärbung wäscht man mit Wasser aus.

Chem. Element	Mineral	Lösungsmittel	Entwickler	Entwicklungszeit	Färbung	Anmerkung
	Speiskobalt	Salpetersäure 1:20	1. Rotes Blutlaugensalz 5%ig 2. Salpetersaures Zink + Quecksilberrhodansalz 3. Rubeans. 1%ige alkohol. Lösung	2 Minuten	1. Rotbraun 2. Blau 3. Dunkelgelb	Färbung erscheint nur nach Behandlung mit Ammoniak.
	Kobaltglanz	Salpetersäure konz.	1. Rotes Blutlaugensalz 5%ig 2. Salpetersaures Zink 1%ig + Quecksilberrhodansalz	2 – 3 Minuten	1. Rotbraun 2. Blau	
	Glaukodot	Salpetersäure 1:1 oder konz.	Salpetersaures Zink 1%ig + Quecksilberrhodansalz	2 – 3 Minuten	Rosaviolett	Co u. Fe schließen sich gleichzeitig auf. Fe-Überschuß entfernt man durch Auswaschen mit Wasser 2 – 3 Minuten.
	Asbolan	Salpetersäure 1:1	1. Rotes Blutlaugensalz 5%ig 2. Salpetersaures Zink + Quecksilberrhodansalz	2 Minuten	1. Rotbraun 2. Blau	
Eisen	Eisenvitriol	Wasser	1. Gelbes Blutlaugensalz 5%ig 2. Rotes Blutlaugensalz 5%ig	2 Minuten	1. Blau 2. Blau	
	Spateisenstein Ankerit	1. Salpetersäure 1:20 2. Schwefelsäure 1:20 oder 3. Salzsäure 1:20 od. 1:1	dasselbe	2 Minuten	1. Blau 2. Blau	
	Pyrit Markasit	Salpetersäure 1:1 oder Schwefelsäure 1:1	dasselbe	2 Minuten	2. Blau 2. Blau	
	Goethit Hydrogoethit	Salzsäure konz.	Rotes Blutlaugensalz 5%ig	2 – 5 Minuten	Blau	
	Hämatit Hydrohämatit	Salzsäure konz.	Gelbes Blutlaugensalz 5%ig	3 – 5 Minuten	Blau	
	Magnetit	1. Salzsäure konz. 2. Salpetersäure 1:1	1. Rotes Blutlaugensalz 5%ig 2. Gelbes Blutlaugensalz 5%ig	1 – 3 Minuten	1. Blau 2. Blau	
	Arsenkies	Salpetersäure 1:1	dasselbe	1 – 2 Minuten	1. Blau 2. Blau	
	Pentlandit	Salpetersäure 1:1	Rotes Blutlaugensalz 5%ig	1 – 2 Minuten	Blau	
	Buntkupferkies	Ammoniak 25%ig od. 10%ig	Rotes Blutlaugensalz 5%ig	2 Minuten	Blau	Vor dem Entwickeln mit Salpetersäure (1:20) behandeln.
	Glaukodot	Salpetersäure 1:1 oder konz.	1. Rotes Blutlaugensalz 5%ig 2. Gelbes Blutlaugensalz 5%ig	2 – 3 Minuten	1. Blau 2. Blau	
	Plumbojarosit	Salpetersäure 1:40	Rotes Blutlaugensalz 5%ig wäßrige Lösung	2 Minuten	Blau	
	Kobaltglanz	Salpetersäure konz.		2 – 3 Minuten		Siehe Co-Mineralien.
Mangan	Psilomelan Wad Pyrolusit	1. Essigsaures Benzidin 2. Salpetersäure 1:1	1. Direkter Abdruck 2. Rotes Blutlaugensalz 5%ig	2 Minuten	1. Blau 2. Rotbraun	Bei Bearbeitung d. Abdrucks mit $SnCl_2$ oder NH_4OH wird Färbung braun zum Unterschied von Co, dessen Farbe sich nicht ändert.
	Asbolan	Essigsaures Benzidin	Direkter Abdruck	1 – 2 Minuten	Blau	
Vanadium	Vanadinit	Salpetersäure 1:20	1. Essigsaures Benzidin 2. Wasserstoffperoxyd 10%ig	2 Minuten	1. Blau 2. Rotorange	Der Abdruck ist nicht beständig.
Molybdän	Wulfenit	Salpetersäure 1:1	1. Gelbes Blutlaugensalz 5%ig 2. Kaliumrhodanid 20%ig + Zinnchlorid mit Salzsäure gesättigt	2 Minuten	1. Grünbraun 2. Ziegelrot	1. Zum Unterschied von Cu und U entfärbt sich der Abdruck mit 5%iger KOH-Lösung. 2. Der Abdruck ist nicht beständig und löst sich in Wasser.

Fall und im zweiten blaue. Diese Färbung wird durch Eisenrhodan gestört, besonders die Teile, die der Fläche des Monheimits entsprechen. Die blauviolette oder blaue Färbung ist nach dem Abwaschen des Eisenrhodans leicht zu erkennen. Bei Zinkblende, die im allgemeinen schwer löslich ist, muß man starke Lösungsmittel anwenden (besonders für die eisenreichen Varietäten). Zufriedenstellende Abdrücke erhält man, wenn man das Photopapier zunächst mit Salpetersäure (1:1) und anschließend mit konzentrierter Salzsäure behandelt. Nach 2—3 Minuten Kontakt mit der Schliffoberfläche entwickelt man mit 1%igem Kupfernitrat und Quecksilberrhodansalz. Nachdem man das Photopapier zur Entfernung des Eisenrhodans mit Wasser ausgewaschen hat, erkennt man eine blauviolette Färbung, die den Flächen der Zinkblende entspricht. Zur Kontrolle kann man bei Verwendung von Kobaltnitrat an Stelle von Kupfernitrat einen blauen Abdruck erhalten. Zinkblende, die kein Eisen enthält, löst sich sehr schwer in Säuren. Auch bei der Anwendung von stärksten Lösungsmitteln ist es nicht immer möglich, Zink zu bestimmen. Besser werden die Abdrücke, wenn man zunächst die polierte Schliffoberfläche mit Königswasser behandelt. Nach dieser Vorbereitung darf man nur Salzsäure (1:1) zur Lösung verwenden. Mit dieser Methode läßt sich Zink in allen Zinkblenden bestimmen.

Bestimmung von Kupfermineralien

Wenn im Erz Kupferkies, Kupferglanz, Buntkupferkies, Malachit, Azurit (Kupferlasur), Rotkupfererz und Kupfervitriol vertreten sind und man die Flächenverteilung jedes Minerals zu bestimmen hat, verfährt man auf folgende Weise:

Zur Bestimmung von Kupfervitriol und dessen flächenmäßiger Verbreitung im Schliff feuchtet man das Photopapier mit Wasser an und legt es auf die Schliffoberfläche. Nach 2 Minuten entwickelt man das Papier mit gelbem Blutlaugensalz oder mit einer alkoholischen Rubeansäurelösung. Bei Anwesenheit von Kupfervitriol entwickeln sich im ersten Fall rosabraune und im zweiten Fall graugrüne Flächen, die bei der Weiterbehandlung mit Ammoniak dunkler werden.

Zur Flächenbestimmung von Kupferglanz, Buntkupferkies und Rotkupfererz tränkt man das Photopapier mit 10%igem Ammoniak und bringt es auf die Schliffoberfläche. Der Abdruck wird mit gelbem Blutlaugensalz oder alkoholischer Rubeansäurelösung behandelt. Es werden sich im ersten Fall rosabraune und im zweiten Fall graugrüne Flächen zeigen, die der Verteilung jener Mineralien im Schliff entsprechen. Man kann die Buntkupferkies-Fläche genau bestimmen, wenn man das Photopapier mit Schwefelsäure (1:20) anfeuchtet und nach der Herstellung des Abdruckes mit rotem 5%igem Blutlaugensalz entwickelt. Es entstehen charakteristische blaue Flächen, die der Verbreitung des zweiwertigen Eisens entsprechen und gleichzeitig der des Buntkupferkieses.

Zur Bestimmung des Malachits und Azurits wird das Photopapier mit Schwefelsäure (1:40) angefeuchtet und auf die polierte Schliffoberfläche gebracht. Der Abdruck wird mit gelbem Blutlaugensalz oder alkoholischer Rubeansäurelösung entwickelt. Im ersten Fall entstehen rosabraune, im zweiten graugrüne Flecken. Die graugrüne Färbung entsteht nur nach der Behandlung des Abdrucks mit Ammoniak, da sich die Reaktion mit Rubeansäure nur im basischen Medium vollzieht. Auf dem Photopapier entwickeln sich gleichzeitig Flächen, die nicht nur der Verteilung des Malachits und Azurits entsprechen, sondern auch der des Kupferglanzes, des Buntkupferkieses und Rotkupfererzes. Zur Flächenbestimmung des Azurits und Malachits muß man den Abdruck mit dem des Kupferglanzes, Buntkupferkieses und Rotkupfererzes vergleichen, den man mit Ammoniak erhalten hat.

Kupferkies und Fahlerz kann man nur dann bestimmen, wenn man die Oberfläche des Schliffes vorher mit starken Lösungsmitteln behandelt. Das Photopapier feuchtet man mit Salpetersäure (1:1) oder Königswasser an, das man mit Wasser verdünnt. Das Lösungsmittel für Kupferkies und Fahlerz wählt man je nach Korngröße des Analysengutes. Wenn der Kupferkies feinkörnig ist, verwendet man als Lösungsmittel Salpetersäure (1:1). Den Abdruck entwickelt man mit gelbem Blutlaugensalz oder besser mit alkoholischer Rubeansäurelösung. Auf dem Photopapier entwickeln sich im ersten Fall rosabraune, im zweiten graugrüne Flecken. Im zweiten Fall muß man den Abdruck mit Ammoniak nachbehandeln. Die Güte des Abdrucks kann man verbessern, indem man die polierte Oberfläche vorher mit Königswasserdämpfen behandelt. Als Lösungsmittel kann dann 25%iger Ammoniak dienen. Dieser Weg ergibt gute Resultate bei der Bestimmung von Chalkopyrit und Fahlerz.

Bestimmung von Eisenmineralien

Wenn im Erz gleichzeitig Pyrit, Arsenkies, Markasit, Glaukodot, Eisenspat, Ankerit, Magnetit, Goethit, Hydrohämatit, Jarosit und Eisenvitriol vorhanden sind, geht man in der folgenden Weise vor.

Um im Erz Eisenvitriol zu bestimmen, tränkt man das Photopapier mit Wasser und bedeckt damit die Oberfläche des Schliffs. Man entwickelt den Abdruck in rotem Blutlaugensalz. Auf dem Photopapier bilden sich blaugefärbte Flächen, die der Verbreitung von Eisenvitriol entsprechen.

Gilt es Jarosit zu bestimmen, dann tränkt man das Photopapier mit Salpetersäure (1:40) und entwickelt mit 5%iger Lösung des roten Blutlaugensalzes. Auf dem Abdruck bilden sich blaue Flecken, die denen des Gelbeisenerzes entsprechen. Gleichzeitig entwickeln sich Flächen mit dunkelblauer Färbung, die der flächenmäßigen Verbreitung des Eisenvitriols entsprechen.

Um im Schliff die Verteilung des Eisenspats und des Ankerits zu bestimmen, befeuchtet man das Photopapier mit stark verdünnter Salzsäurelösung und bedeckt damit die Schliffoberfläche. Nachdem der Abdruck mit 5%igem rotem Blutlaugensalz entwickelt wurde, entstehen blaue Flächen, die dem Ankerit und Eisenspat entsprechen. Gleichzeitig entstehen Flächen, die dunkler gefärbt sind und den Flächen des Eisenvitriols und des Jarosits entsprechen.

Wenn im Schliff Magnetit und Hydrohämatit vorhanden sind, tropft man auf Filterpapier konzentrierte Salzsäure und bringt es auf die Schliffoberfläche. Nach drei Minuten entwickelt man den Abdruck mit 5%igem rotem Blutlaugensalz. Es entsteht eine Blaufärbung der Flächen des Magnetits und des Hydrohämatits. Die helleren Flecken entsprechen dem Hydrohämatit und die dunkleren dem Magnetit.

Zur Bestimmung des Goethits tränkt man das Photopapier mit konzentrierter Salzsäure und bringt es mit dem Schliff zur Deckung. Nach 3 Minuten entwickelt man den Abdruck mit 5%iger Lösung des roten Blutlaugensalzes. Es bilden sich blaue Flecken, die der Verteilung von Goethit und Hydrogoethit entsprechen. Dunkelblaue Flächen entsprechen dem Magnetit.

Zur Bestimmung von Pyrit und Markasit befeuchtet man das Photopapier mit einer Salpetersäurelösung (1:1). Nach einer Behandlung von 1—2 Minuten entwickelt man das Photopapier mit gelbem Blutlaugensalz. Es bilden sich blaue Flecken, die der Verteilung dieser Erze entsprechen. Dunkelblaue Flächen auf dem Photopapier zeigen das Vorhandensein und die Verbreitung des Markasits an. Wenn im Schliff Arsenkies vorhanden ist, so färben sich diese Stellen auf dem Photopapier intensiv blau.

Sind im Schliff Glaukodot, Kobaltglanz und Pyrit vorhanden, befeuchtet man das Photopapier mit konzentrierter Salpetersäure und bedeckt damit die Oberfläche des polierten Schliffes. Nach 2—3 Minuten entwickelt man den Abdruck in 5%iger Lösung von rotem Blutlaugensalz. Es entstehen rotbraune Flecken, die dem Glaukodot und dem Glanzkobalt entsprechen. Flächen mit einer blauen Färbung zeigen die Verbreitung des Pyrits. Zur Bestimmung der Verteilung des Glaukodots in Anwesenheit von Pyrit entwickelt man den Abdruck zunächst in einer 1%igen Zinknitratlösung und anschließend in Quecksilberrhodansalz. Nach 1—2 Minuten entwickeln sich blaue Flächen, die der Verbreitung des Kobaltglanzes entsprechen. Rote Flächen weisen auf Pyrit und rosaviolette auf Glaukodot hin. Oft wird diese Färbung von Eisen verfälscht. Nach Abspülen mit Wasser sind die Flächen des Glaukodots (rosaviolett) und des Kobaltglanzes (blau) gut zu erkennen.

Sind im Schliff nebeneinander Magnetkies und Pentlandit anwesend, so bestimmt man das Eisen folgendermaßen: Man tränkt das Photopapier mit Salpetersäure (1:1) und bedeckt die Schliffoberfläche. Nach einer Minute entwickelt man den Abdruck mit einer 5%igen Lösung von rotem oder gelbem Blutlaugensalz. Auf dem Abdruck entwickelt sich eine blaue Färbung. Die intensiver blaugefärbten Teile entsprechen der Verbreitung des Pentlandits, der eine größere Löslichkeit als der Magnetkies besitzt.

Zur Bestimmung des Nickels im Pentlandit befeuchtet man das Photopapier mit Salpetersäure und bedeckt damit die Oberfläche des polierten Schliffs. Nach einer Minute entwickelt man das Papier mit Dimethylglyoxim oder Rubeansäure unter anschließender Behandlung mit Ammoniak. Auf dem Abdruck entwickeln sich Flächen mit himbeerroter Farbe im ersten und blauvioletter Färbung im zweiten Fall. Sie entsprechen genau der flächenmäßigen Verbreitung des Pentlandits.

Über die Möglichkeit der Flözparallelisierung im Plötz-Löbejüner Raum

Vorläufige Mitteilung

WINFRIED & RENATE REMY, Berlin

Das Kohlenvorkommen im Raum Plötz—Löbejün ist eine typisch limnische Bildung. Das zeigt sich nicht nur in dem Fehlen jeglicher mariner Einlagerungen, sondern auch in der schon primär ungleichmäßigen Flözausbildung. Wir haben es bei den Plötzer Kohlen auf jeden Fall mit solchen autochthoner Entstehung zu tun, worauf die z. T. sehr gut entwickelten Wurzelböden hinweisen. An einigen Stellen sind eindeutige Stigmarien-Wurzelböden gefunden worden.

Die meisten limnischen Kohlenvorkommen sind in den letzten hundert Jahren wegen ihrer in der Regel nicht besonders wirtschaftlichen Flözausbildung und vor allem wegen der starken Konkurrenz der Kohlen der paralischen Karbonvorkommen — zumal infolge des gut ausgebauten Verkehrsnetzes — sehr vernachlässigt worden; das ist ein Grund dafür, daß man sich auch im Plötz-Löbejüner Raum schon seit mehr als 100 Jahren nicht mehr um eine Beschreibung und Auswertung der Flora gekümmert hat. Die einzige in der Art einer Monographie erschienene Beschreibung ist die von GERMAR (1844); ihr war die Dissertation von ROST (1839) vorausgegangen. Die bei BEYSCHLAG & FRITSCH (1899/1900) angeführten Pflanzen sind für genauere Vergleiche mit den jetzt niedergebrachten Bohrungen nicht ohne weiteres verwendbar; außerdem sind die Belegstücke z. Z. nicht auffindbar.

Bei der nach dem 2. Weltkrieg einsetzenden regeren Bohrtätigkeit wurde seit 1955 auch die Paläobotanik zur Auswertung der Plötzer Bohrungen herangezogen. Nach anfänglichen Schwierigkeiten technischer und organisatorischer Art — ungenügend erfolgtes Aufsammeln und schlechtes Aufbewahren von Belegstücken aus den Bohrungen; hoher Kernverlust in der Zone der Pflanzenschiefer, der Flöze und des Wurzelbodens — hat sich im letzten Jahr gezeigt, daß auch in diesem limnischen Vorkommen die Flora zur Horizontierung mit Erfolg herangezogen werden kann. Für die Horizontierung bzw. für das stratigraphische Arbeiten mit Pflanzen, was beides im Plötz-Löbejüner Raum angestrebt wird, ist vor allem die ökologische Betrachtungsweise und die Arbeit mit Charakterformen wichtig. Die Grenze zwischen Stefan und Rotliegendem ist in Plötz paläobotanisch gut zu fassen; sie stimmt hier praktisch mit der nach sedimentpetrographischen Gesichtspunkten im Arbeitsgebiet vorgenommenen Abgrenzung überein. Diese Übereinstimmung ist um so bemerkenswerter, als sowohl in den Wettiner Schichten wie auch in den Rotliegend-Sedimenten mehrfacher Fazieswechsel vorkommt, so daß also von uns nicht nur eine Faziesgrenze beobachtet wird.

Es hat sich im Plötz-Löbejüner Raum gezeigt, daß für die Rotliegend-Serien die Gattung *Callipteris*, wie wir es von Thüringen, dem Harz und dem französischen Zentralmassiv her wissen, ein gutes Leitfossil ist. Wir haben Callipteriden-Reste in verschiedenen Bohrungen, besonders aber (*Callipteris naumanni*) in der Bohrung am Petersberg gefunden. Auch die recht charakteristische *Sphenopteris germanica* und verwandte Arten, die übrigens im französischen Zentralmassiv bisher unbekannt sind, lassen sich als Charakterfossilien gut gebrauchen.

Die Wettiner Schichten sind im Arbeitsgebiet durch sehr stark wechselnde fazielle Verhältnisse gekennzeichnet. Es ist daher nicht leicht, rein sedimentpetrographisch feinere Leithorizonte auszuscheiden. Anhand unserer Untertageaufnahmen, in Verbindung mit der Auswertung der im vergangenen Jahr niedergebrachten Bohrungen, hat sich gezeigt, daß paläobotanisch erfaßbare Horizonte auszuscheiden sind. In der Höhe von Flöz 1 existiert ein charakteristischer Horizont mit *Neuropteris auriculata*, der von uns auch verschiedentlich dann angetroffen worden ist, wenn die Bohrung überhaupt keine Flözbildung erkennen ließ.

Als nächster recht kenntlicher Horizont ist die Partie der Hangendschiefer von Flöz 3 zu nennen. Diese Region ist durch starkes Vorherrschen von *Callipteridium pteridium*, *Sphenophyllum verticillatum*, *Pecopteris lepidorachis* und einer Reihe anderer charakteristischer Formen zu kennzeichnen.

Neben diesen Erkenntnissen wurde festgestellt, daß die *Odontopteris subcrenulata* ROST von fast allen Autoren bis zu den jüngsten Veröffentlichungen völlig verkannt worden ist. Wir haben daher diese Art einer besonderen Untersuchung unterzogen und zusammen mit J. DOUBINGER festgestellt, daß die vom Locus typicus bekannte Form auch in Frankreich, genau wie im Wettin-Plötz-Löbejüner-Raum, stets im oberen Stefan, aber nicht mehr im Rotliegenden vorkommt. Die neuesten Untersuchungen der Bohrungen haben diese Auffassung stets bestätigt. Damit darf die echte *Odontopteris subcrenulata* ROST, wie sie im Wettin-Plötz-Löbejüner-Raum vorkommt, als Stefan-Charakterform angesprochen werden.

Besonderer Wert ist in paläobotanischer Hinsicht gerade den recht schwierigen Untertagearbeiten beizumessen. Es konnte unter Tage in mehreren Befahrungen nachgewiesen werden, daß zumindest das Flöz 3 auf größere Entfernung dieselbe Flora führt; dabei konnten vier z. T. weit auseinanderliegende Punkte, an denen das Flöz aufgeschlossen ist oder war, untersucht werden. Auch bisher aus den Bohrungen nicht bekannte Pflanzenreste wurden unter Tage nachgewiesen, so die aus dem Plötz-Löbejüner Raum bisher nicht bekannte *Odontopteris minor*.

Es ist unserer Meinung nach sogar möglich, in zunächst noch enger umrissenen Feldteilen des Plötzer Steinkohlenreviers auch bei der Grubenkartierung und bei Ausrichtarbeiten die Paläobotanik erfolgreich heranzuziehen.

In einer Bohrung konnten in einem Horizont mehrere Merostomata-Reste derselben Art festgestellt werden, so daß es vielleicht möglich ist, auch derartige Fossilien für die Parallelisierung verschiedener Feldteile bzw. zur Unterteilung heranzuziehen. Diese Hoffnung ist um so berechtigter, als schon bei BEYSCHLAG & V. FRITSCH (1899/1900) inzwischen völlig in Vergessenheit geratene Merostomata-Reste von Dobis an der Saale angegeben werden (Tafel I, Fig. 8a, b, als „*Veltheimia bicornis*" bezeichnet).

Diese kurze und vorläufige Mitteilung soll zeigen, daß auch in einem limnischen Becken mit der oft als uncharakteristisch bezeichneten Stefan-Flora eine Horizontierung prinzipiell möglich ist, und soll unter anderem dazu beitragen, die Bohrungen und Untertageaufschlüsse besser und vollständiger auszuwerten. Sie möge vor allen Dingen dazu anregen, die Geologie-Ingenieure, die Geologie-Techniker und Kollektoren auch in paläontologischen Fragen besser zu schulen, damit auch kleinere, zunächst nach nichts aussehende Reste richtig angesprochen und aufgehoben werden. Die Bohrkerne können unwiederbringliche paläontologische Funde bergen, deren sachgemäße Auswertung vielfach der Wissenschaft wichtige Erkenntnisse über systematische, morphologische, phylogenetische und paläobiogeographische Zusammenhänge vermitteln kann. Mit der wissenschaftlichen Auswertung sind sehr oft auch für die Praxis wesentliche Erkenntnisse verbunden.

Literatur

BEYSCHLAG, FRANZ, & KARL VON FRITSCH, Das Jüngere Steinkohlengebirge und das Rothliegende in der Provinz Sachsen und den angrenzenden Gebieten. — Abh. Kgl. Pr. Geol. L. A., N. F., H. 10, Berlin 1900.

GERMAR, E. F., Die Versteinerungen des Steinkohlengebirges von Wettin und Löbejün im Saalekreis, Halle 1844 — 53.

ROST, WOLDEMAR: De filicum ectypis obviis in lithanthracum vettinensium lobeiunensiumque fodinis — Diss., Halle 1839.

Zur Paläogeographie der Unterkreide Deutschlands und zur Wanderung (Migration) der Meeresfauna

GREGOR CHRYPLOFF, Berlin

In zwei vorausgegangenen Artikeln (CHRYPLOFF 1957a und b) hat Verf. in allgemeinen Zügen die Paläogeographie der deutschen Unterkreide beschrieben; die dabei gemachten Angaben wurden jedoch bis heute noch nicht verallgemeinert. Verf. möchte das jetzt nachholen.

Das deutsche Becken (die „cuvette germanique") war während der Unterkreidezeit von zwei großen Becken abhängig: dem durch seine nördliche Fauna sich auszeichnenden borealen Becken, wo besondere Familien wie gewisse Ammoniten (Polyptychites), Belemniten (Cylindrotheutis) und Aucellen anzutreffen waren, und dem alpinen Becken. Das deutsche Becken wurde vom westlich davon gelegenen Pariser Becken durch alte varistische Massive (Ardennen, Schiefergebirge, Vogesen u. a.) getrennt, im äußersten Nordwesten hingegen durch das Wealden-Festland, das sich über den südwestlichen Teil Englands, den nordöstlichen Teil Frankreichs (bis südlich Paris) sowie einen Teil Belgiens und Hollands erstreckte. Erst im Apt fand eine Vereinigung des deutschen mit dem Pariser Becken statt.

Es scheint Verf., daß das ganze Problem bis jetzt unklar formuliert wurde und daß es unverständlich war, warum bis zum Apt in Polen und in Deutschland ein Vergleich mit dem Pariser Becken angestellt wurde (???). Gewiß werden hier und dort gemeinsame, nämlich die gleichen alpinen Formen angetroffen; es wird jedoch übersehen, daß diese Formen in das Pariser Becken aus dem westlichen Teil der alpinen Geosynklinale und in das deutsche Becken aus einer Abzweigung des Karpaten-

Schematische Karte der Migration der Fauna während der Unterkreidezeit (bis zum Apt) und paläogeographische Einheiten

——— Richtung der Migration der karpatischen (alpinen) Fauna – – – – Richtung der Migration der borealen Fauna

–·–·– Vermutliche Ostgrenze der Zone der Schwellen und Becken = Salztektonik

Erklärungen zur Karte:

Es handelt sich hier vorläufig nur um eine schematische Karte. In dieser sind in der Hauptsache die wichtigsten paläogeographischen Einheiten und die mögliche Wanderung der Fauna dargestellt. Eine allgemeine Karte der geophysikalischen Strukturen Westdeutschlands befindet sich in dem Sammelband „Erdöl und Tektonik“, herausgegeben von A. BENTZ (Hannover-Celle 1949), und einige Teile desselben Raumes in den Berichten des Internationalen Geologischen Kongresses, Rom 1955. Eine Karte der DDR ist in dem Artikel von H. KÖLBEL in der „Zeitschrift für angewandte Geologie“ Band III, Heft 5/6, S. 204, 1957, enthalten.

Eine geophysikalische Karte von Polen hat Verf. bis jetzt noch nicht gesehen.

Die Anfertigung einer vollständigen geologischen Karte der Kreidezeit für das ganze deutsche Becken, und zwar mit den von Verf. angegebenen Grenzen, würde zur Zeit eine ganz unnütze Arbeit sein; denn eine wohlbegründete Paläogeographie Westdeutschlands — mit seinen vielen Bohrungen! — ist uns bisher nicht bekanntgegeben. Über die DDR weiß man zu wenig, zumal hier die alten Bohrungen noch revidiert werden müssen. Daten über Polen und die UdSSR fehlen uns bis jetzt fast gänzlich.

raumes, wahrscheinlich über die Gegend Krakau—Teschen eingedrungen sind.

Andere Formen im deutschen Becken kamen, wie schon lange bekannt ist, vom hohen Norden, also aus der borealen Zone[1]). Ungeklärt ist jetzt nur die Frage, welche Transgression — die nördliche oder die südliche (karpatische) — die erste war oder ob beide Transgressionen gleichzeitig stattfanden.

Es ist nun freilich nicht leicht, diese Frage sogleich zu beantworten; es darf aber wohl vorausgesetzt werden, daß in den nordwestlichen Teil des Beckens zuerst die nördliche und in seinen südöstlichen Teil die Fauna aus den Karpaten eindrang. Zur Zeit kann der Ort, an dem sich die beiden Transgressionen begegneten, noch nicht bestimmt werden. Es wäre aber auch eine dritte Mutmaßung möglich, die noch anschaulicher ist (CHRYPLOFF 1957a).

Am Ende des Jura und zu Beginn der Unterkreidezeit stellte das deutsche Becken zweifellos eine hügelige Ebene dar, im ganzen gesehen, von kontinentalem Charakter, jedoch mit einzelnen Wasserflächen. Dabei dürften die Hügel des öfteren als Ursache permische Salzstöcke gehabt haben, die wegen der allgemeinen und ihrer eigenen tektonischen Bewegungen die verschiedenartigsten Umrisse und Formen gehabt haben dürften. Man könnte annehmen, daß sich damals die Salzstock-Hügel in grob paralellen Reihen mit vorwiegend meridionaler Richtung vom „Wealden-Festland" im Westen bis zur Russischen Tafel s. str. im Osten erstreckt haben. Als südliche Begrenzung dieser Region dienten die alten varistischen Massive, als nördliche Begrenzung der Skandinavische Schild und die Russische Tafel. Es muß dabei hervor gehoben werden, daß die Grenzen dieses Beckens im allgemeinen mit den alten Grenzen des Zechsteinmeeres übereinstimmten, und es wäre denkbar, daß die Grundzüge im Bau des ganzen Raumes schon in der Zechsteinzeit vorhanden waren. Außer den Salzstöcken gab es in diesem Raum natürlich auch andere kleine Massive rein tektonischen Ursprungs. Dabei waren die örtlichen tektonischen Bewegungen ununterbrochen im Gange; einige Abschnitte hoben sich ständig höher und gleichzeitig sanken andere; dadurch wird die Paläogeographie der damaligen Zeit noch schwerer deutbar.

Als nun die Transgression der Unterkreide begann und vermutlich gleichzeitig von beiden Seiten alle niedriggelegenen Flächen zwischen den Hügeln vom heranrückenden Meer erfaßt wurden, ragten schließlich bei der Verstärkung dieser Transgression nur die höchsten Hügel und Massive als Inseln heraus; d. h., das ganze Becken nahm im allgemeinen den Charakter eines Archipels oder, richtiger gesagt, zahlreicher „Inselbögen" an, was wiederum für die Verteilung der Fauna wichtig war.

Es könnte sein, daß die „Inselbögen" im westlichen Teil des Beckens verhältnismäßig nahe beieinander lagen, während im mittleren und im östlichen Teil — hier war eine größere Zahl von begrabenen tektonischen Massiven vorhanden — die Zwischenräume größer wurden. Es könnte sich aber hierbei um eine nur scheinbare Erkenntnis handeln, weil der westliche Teil des Beckens geophysikalisch bereits gut erforscht ist, der mittlere und der östliche Teil dagegen verhältnismäßig sehr wenig oder gar nicht.

Wie fand nun die Verbreitung der beiden Faunen, der borealen und der südlichen, statt? Die Faunen müssen sich im allgemeinen aufeinander zu bewegt haben. Da jedoch die Transgression nicht überall gleichzeitig einsetzte, sondern langsam vor sich ging, so begegneten die Faunen einander an vielen Stellen und vermischten sich, wobei es aber noch nicht möglich ist, zu bestimmen, wo dies geschah. Gemäß der Geographie dieser Gegenden konnten sie lange Zeit auf parallelen Wegen vorrücken, bis schließlich durch die Verstärkung der Transgression die Vereinigung stattfand.

Es darf bei diesen Gedankengängen nicht vergessen werden, daß es sich in den Archipelen um sehr schnelle Strömungen handeln kann, besonders dann, wenn die Inseln sich nicht weit voneinander befinden. Auch können diese Strömungen sehr oft ihre Richtung wechseln. In Anbetracht der ungenügenden Erforschung des ganzen in Frage kommenden Raumes würde es Verf. gar nicht überraschen, wenn die karpatische Fauna im äußersten Westen dieses Beckens früher gefunden würde als die boreale im äußersten Osten. Voreilige Schlußfolgerungen, etwa die, daß die karpatische Fauna aus dem Pariser Becken in die Karpaten gekommen sei und die boreale aus Rußland, sind jedoch in solchen Fällen nicht angebracht. Bei so komplizierten Fragen wie denen der Paläogeographie darf man nicht leichtfertig folgern; vielmehr ist in solchen Dingen, entsprechend einer Äußerung von M. GIGNOUX, ein „gesunder Skeptizismus" am Platze. Mit anderen Worten: es muß kritisch und von verschiedenen Seiten an die Dinge herangegangen werden.

Es kann nun noch eine Frage gestellt werden, nämlich die, ob die amerikanischen pazifischen Formen Kaliforniens über Alaska, Grönland und West-Skandinavien bis zum deutschen Becken vordringen konnten. Verf. denkt, ja. Einige boreale Formen, und zwar Ammoniten und Bivalven, sind in Kalifornien bereits bekannt. Es braucht daher keine Verwunderung zu erregen, daß auch die pazifischen Formen auf dem oben bezeichneten Wege bis nach Europa kommen und sogar in die alpine Geosynklinale vordringen konnten.

Verf. hat bereits einen kleinen Artikel über *Peregrinella peregrina* (CHRYPLOFF 1958) geschrieben. Von dieser Art kann angenommen werden, daß sie aus Kalifornien über den Norden nach Mecklenburg und von dort aus in die alpine Zone gelangt ist. Die *Peregrinella* ist sicher nicht die einzige Art, die auf diesem Wege nach Europa gekommen sein dürfte. Zuerst müßte aber genügend Material gesammelt werden, um diese Frage lösen zu können. Damals mag auch der Fall eingetreten sein, daß einige alpine Arten nach Amerika eingewandert sind. Diese Annahme ist um so wahrscheinlicher, als auf den Lofoten (Insel Brottöen) ein Konglomeratblock mit Neokom-Fossilien von alpinem Typus gefunden worden ist; eine Beschreibung dieses Vorkommens wurde von J. P. RAVN (1915) gegeben, der auch seinerseits Vergleiche mit Pariser Formen anstellte. Der Block liegt aber nicht an seinem ursprünglichen Platz. Er wurde vielmehr durch das Eis von der unweit liegenden Insel Andö desselben Archipels herangebracht, wo schon früher oberjurassische Ablagerungen bekannt waren, die nur dadurch erhalten geblieben sind, daß sie in eine tektonisch entstandene Spalte versenkt waren.

Es genügt, an dieser Stelle zu bemerken, daß die oberjurassische Fauna hier einen borealen Charakter aufweist. Nach Ansicht von VOGT (RAVN & VOGT 1915) befanden sich selbst auf dem Festlande früher oberjurassische Ablagerungen und solche aus der Unter-

[1]) Verf. läßt vorläufig die lokalen Formen beiseite, d. h. solche Formen, die sich örtlich aus den borealen und alpinen Formen entwickelt haben.

kreide. Diese Ablagerungen wurden jedoch während der Eiszeit in das Meer hinein abgetragen. Übrigens sind in Dänemark Geschiebe mit einer Unterkreidefauna von alpinem Typus bekannt. Solche Geschiebe können auch an anderen Stellen, besonders in Skandinavien und Norddeutschland, angetroffen werden.

Alles in allem ist es verständlich, daß diese karpatisch-alpinen Formen weit in den Norden und möglicherweise sogar nach Kalifornien vorgedrungen sind und daß die südkarpatische Strömung durch Polen, Norddeutschland[2]) — fraglich, ob durch einen Teil von Dänemark und Schonen (s. Karte) —, dann an der skandinavischen Küste entlang ihren Weg nahm, gewissermaßen den damaligen „Golfstrom" bildend, während die nördliche boreale Strömung — weiter westlich — vom Norden zum Süden verlief. Diese Vorstellung ermöglicht auch eine Erklärung, weshalb das nördliche englische Unterkreide-Becken (York—Lincoln) mit dem berühmten Schnitt von Speeton in der Unterkreide so wenig alpine Formen aufweist.

Das Gesamtbild wird durch die Fauna von Werle in Mecklenburg bestätigt, wo die Mehrzahl der alpinen Formen, jedoch nicht im ganzen Gebiet, untersucht worden ist.

Es sei hier auch an die Bohrungen Dabendorf 1 und Schünow 1 südlich von Berlin erinnert. Hier muß jedoch noch die ganze Fauna überprüft werden, da Verf. früher nur über sehr wenige Kerne dieser Bohrungen verfügte Es wird dann aber interessant sein, Dabendorf und Schünow mit Werle zu vergleichen. Sobald die „Berliner Fauna" bestimmt ist, wird Verf. bemüht sein, die erzielten Ergebnisse zu veröffentlichen.

[2]) Übrigens wurden einige Geschiebe aus Schleswig-Holstein mit alpiner Fauna, sehr ähnlich der von Werle, schon von E. STOLLEY 1889 beschrieben (Mitt. Miner. Inst. Kiel, Bd. I, S. 137).

Literatur

ANDERSON, F. M.: Lower cretaceous deposits in California a. Oregon Geol. Soc. of Amer. Special Papers, NIG 1938.

CHRYPLOFF, G.: 1957a Das Problem der Unterkreide im nordwestlichen Teil von Deutschland. — Z. angew. Geol., Bd. III, H. 8/9, S. 360, 1957a.

—: Über die Makrofauna der Unterkreide aus der Tiefbohrung Werle 8. — Idem, H. 11/12, 1957b.

— Über die *Peregrinella peregrina* Idem, H. 2/3, S. 70, 1958.

KOKOSZYNSKA, B.: Lower cretaceous of neighbourhood of Tomaszow Mazowiecki (Central Poland). — Z bodan geologicznych Rigionu Swietokrzysk iego, Instytut geologiczny, Biuletyn 113, Warczawa 1956.

CIEŚLINSKY, S.: Stratigrafia i tektonika kredy miedzy Dobromierzem i Josefowem a Przedborzem nad Pilica. — Idem, S. 139 u. folg.

GIGNOUX, M.: Géologie stratigraphique, 4 ed., Paris 1950.

LEWINSKY, I.: Das Neokom in Polen und seine paläogeographische Bedeutung. — Geol. Rundsch., Bd. 23, Berlin 1932.

NORDMANN, V., V. MADSEN etc. Aperçu de la geologie du Dancmark (in 4 Sprachen). — Danmarks geol. Undersögelve, Serie 5, N 4 1928.

SKEAT, E. & V. MADSEN: On Jurassic, Neocomian and Gault boulders found in Denmark. — Danmarks geol. Unders. 2. R. N. 8 Köbenhavn, 1898 S. 62—71.

SOKOLOV, D. N.: Fauna der mesozoischen Ablagerungen von Andö. — Videnskapsselsk. Skrifter Mat.-naturv. Klasse, N 6, Kristiania 1912.

RAVN, J. P. & E.VOGT: Om en blok av neokom fra Hanö i Versteraalen. — Norsk geologisk Tidsskrift, B III, N 4, Kristiania, 1915.

POBORSKI, J.: Nowsze materialy do geologii Złoz Solnych w Wielkopolsce. — Polnisch mit englischem Résumé. — Service géologique de la Pologne Institut géologique de la Pologne, Bulletin 36, Warszawa 1947.

Verflüssigung von Erdgas

J. I. BOKSERMAN, Moskau

Der folgende Aufsatz ist ein Auszug aus der gleichnamigen Arbeit von J. I. BOKSERMAN, die in dem Buche „Erdgase und ihre Verwendung", Gostoptechisdat, Moskau, 1957, erschien und der Redaktion in der Übersetzung von Prof. Dr. L. BEWILOGUA vorliegt. Die Redaktion hält es für notwendig, daß auch der Erdölgeologe mit den modernsten technischen und ökonomischen Problemen der Aufbereitung von Erdöl und Erdgas vertraut gemacht wird.

Die Redaktion

Erdgase bestehen vorwiegend aus Methan (bis 98%). Sie können direkt für Haushalt und Industrie verwendet werden.

Man kann Erdgas aber auch in flüssiger Form verwenden; dann nimmt es ein erheblich kleineres Volumen ein als im Gaszustand. Das erlaubt, in recht kleinen Behältern große Vorräte Gas zu speichern. Das flüssige Methan läßt sich in Spezialgefäßen transportieren.

Methan kann man wie alle Gase dadurch verflüssigen, daß man es unter seine kritische Temperatur abkühlt (— 82,1° C). Flüssiges Methan ist bei Atmosphärendruck eine durchsichtige Flüssigkeit mit dem spezifischen Gewicht 0,43 und einer Siedetemperatur von — 161,2° C. Infolge der Vergrößerung der Dichte wird die Wärmeenergie je Volumeinheit ungefähr 610mal größer. Vor der Verwendung wird es verdampft, so daß es der Verbraucher in allen Fällen gasförmig erhält. Es ist übrigens nicht ausgeschlossen, daß die Chemiker Möglichkeiten finden, das flüssige Gas als Rohstoff für chemische Prozesse zu verwenden.

Die tiefen Temperaturen, die für die Verflüssigung des Erdgases erforderlich sind, kann man auf verschiedene Weise erreichen: durch Drosselentspannung, durch Ausdehnung unter Leistung äußerer Arbeit in einer Expansionsmaschine und durch Abkühlung des Gases durch flüssige Kältemittel, die in gesonderten Kältekreisen umlaufen.

Eine der wichtigsten Aufgaben bei der Projektierung solcher Anlagen ist die Verringerung des Energiebedarfs für den Verflüssigungsprozeß. Durch die Arbeiten verschiedener Institute — Gasinstitut der Ukrainischen Akademie der Wissenschaften, Ukrgiprogas, Vniichimmasch und Vniigas — wurde gezeigt, daß die mit Drosselentspannung arbeitenden Prozesse am vorteilhaftesten sind. Vor den Anordnungen mit Expansionsmaschinen haben sie den Vorzug der einfacheren konstruktiven Durchführung.

Recht wirtschaftlich ist die Anordnung von Kaskaden unter Verwendung von Ammoniak und Äthylen als Kältemittel. Der Prozeß arbeitet folgendermaßen: Das Gas, das unter einem Druck von ungefähr 50 at steht, durchläuft der Reihe nach ein System von Wärmeaustauschern. Hier wird es im Gegenstrom durch die Kältemittel abgekühlt. Gleichzeitig erfolgt an bestimmten Stellen eine starke Erniedrigung des Druckes (bis auf 0,8 at). Durch diese Operationen wird das Erdgas verflüssigt und dann in einen Speicher geleitet.

Die Wahl des rationellsten Schemas für die Verflüssigung wird durch die Zusammensetzung des Ausgangsgases, durch den Ausgangsdruck und durch den Umfang der Produktion bestimmt.

Die Anwesenheit von Stickstoff als Ballast im Erdgas, von giftigen Zusätzen (Schwefelwasserstoff und Kohlensäure) und von Wasserdampf kompliziert die Verflüssigung und erhöht vor allem die Kosten für Reinigung und Trocknung ganz erheblich. Stickstoff erniedrigt außerdem die Kälteleistung der Anlage.

Andererseits kann man die schweren Kohlenwasserstoffe des Ausgangsgases mit relativ geringem Energieaufwand abscheiden. Das wirkt sich günstig auf die Wirtschaftlichkeit der Produktion von flüssigem Methan aus.

Der Druck der Gase in den verschiedenen Sonden kann 100 at und mehr betragen, während der Druck bei der Überleitung in städtische Netze bei etwa 3 at liegen wird. Mit höherem Druck beim Eintritt in die Anlage sinken der Energieaufwand für die Verflüssigung und so die Kosten des Produktes; außerdem werden die Abmessungen der Kompressionsanlagen wesentlich kleiner.

Es ist offensichtlich, daß mit wachsendem Ausmaß der Produktion ein immer kleinerer Anteil der gesamten Betriebskosten auf die Energiekosten entfällt.

Im Hinblick darauf sind die Arbeiten des Laboratoriums für Gasverflüssigung beim Gas-Institut der Ukrainischen Akademie der Wissenschaften über die Verflüssigung der Kohlenwasserstoffe von besonderem Interesse.

Nach von Ukrgiprogas, Vniichimmasch und Vniigas angestellten technisch-ökonomischen Berechnungen kann mit dem optimalen Verflüssigungszyklus bei einer Produktion von 30000 t flüssigem Methan im Jahr der Selbstkostenpreis für flüssiges Methan dem für Benzin etwa gleichkommen.

Eine der wirkungsvollsten Maßnahmen zur weiteren Kostensenkung stellt die Ausnutzung der Druckgefälle in den Sonden und in den Fernleitungen dar. Die technisch-ökonomischen Kenngrößen des Prozesses lassen sich sehr stark verbessern, wenn man gleichzeitig die Edelgase gewinnt.

Man muß darauf hinweisen, daß zum Unterschied von der Sauerstoffproduktion, bei der das Ausgangsmaterial kostenlos zur Verfügung steht, bei der Erdgasverflüssigung die Kosten für das Ausgangsmaterial einen entscheidenden Anteil der Gesamtkosten darstellen, besonders dann, wenn die Verflüssigungswerke weit von der Quelle entfernt sind.

Es dürfte kaum zweckmäßig sein, Verflüssigungsanlagen für Erdgas zu bauen, wenn die Leistung weniger als 500—1000 kg Flüssigkeit je Stunde beträgt; in der Mehrzahl der Fälle sollten die Anlagen eine wesentlich größere Leistung haben, da sie das Versorgungszentrum für große Bereiche mit einem Radius von 150—200 km darstellen. Sauerstoffanlagen rechnet man schon zu den großen, wenn sie 500 kg je Stunde erzeugen.

Die Wirtschaftlichkeit einer Anlage für flüssiges Methan wird wesentlich durch die thermodynamische Vollkommenheit des Schemas bedingt.

Das Gas-Institut der Ukrainischen Akademie der Wissenschaften hat theoretische und experimentelle Arbeiten über zweckmäßige Kältemittel durchgeführt und dabei festgestellt, daß man mit zwei- oder mehrkomponentigen Gemischen von Kohlenwasserstoffen bessere Resultate erhält als mit den bisher verwandten reinen Komponenten.

In diesem Institut wurde ein Verflüssigungskreis für die Kohlenwasserstoffe entwickelt, der die Kaskade mit der konstruktiven Einfachheit eines Drosselkreises mit Regeneratoren verbindet. Eine nach diesem Schema gebaute Anlage gab günstige Resultate.

In der UdSSR ist der Verflüssigungsprozeß im Moskauer Verflüssigungswerk für Erdgase praktisch durchgeführt worden. Bei der Erprobung wurde eine Reihe von wichtigen Fragen geklärt, die mit der Vervollkommnung der Verflüssigungsmethode und der Ausnutzung von flüssigem Methan verknüpft sind.

Im Hinblick auf das Allgemeininteresse dieser Untersuchungen gehen wir etwas ausführlicher darauf ein.

Das Moskauer Verflüssigungswerk für Erdgas besteht aus folgenden Anlagen:

a) Anlage für die Verflüssigung des Erdgases,
b) Anlage für die Verdampfung des flüssigen Methans,
c) Anlage für die Reinigung und Trocknung des Gases,
d) Speicher für das verflüssigte Gas,
e) Anlage für die Verarbeitung der nicht kondensierbaren Anteile,
f) Anlage für die Gewinnung der schweren Kohlenwasserstoffe,
g) Verteilerstation für das flüssige Methan und andere Fertigprodukte.

Die Verflüssigung des Erdgases erfolgt nach der Kaskadenmethode, die nach ihrem spezifischen Energieverbrauch am wirtschaftlichsten ist. Die Kälteanlage besteht aus 3 Kreisen (Abb. 1): dem Ammoniak-, dem Äthylen- und dem Methankreis.

Das Erdgas aus der Ferngasleitung Saratow-Moskau tritt mit einem Druck von etwa 20 at in die Anlage zur Reinigung von Kohlensäure und Schwefelwasserstoff ein. Beim Einschleifen in die Gasleitung ist vor der Verteilerstation ein Druckregulator und ein Sicherheitsventil angebracht.

Die sorgfältige Reinigung und Trocknung hat eine erstrangige Bedeutung für das normale Arbeiten der Anlagen, infolgedessen hat man trotz des Vorhandenseins einer Trocknungs- und Reinigungsanlage an der Kopfstation der Gasleitung eine zusätzliche Feinreinigung und -trocknung im Werk vorgesehen.

Das Gas wird im allgemeinen durch eine wäßrige Lösung von Monoäthylenamin gereinigt, aber im Verflüssigungswerk verwendet man eine Lösung von Monoäthylenamin — Diäthylenglykol-Wasser.

Das von Kohlensäure und Schwefelwasserstoff befreite Erdgas tritt in die Endtrocknung mit Alumogel ein, in der ein hoher Trockenheitsgrad erreicht wird.

Die Zusammensetzung des in das Verflüssigungswerk gelieferten Erdgases ist in Tabelle 1 aufgeführt.

Tabelle 1

Bezeichnung der Komponenten	Zusammensetzung des Erdgases in Vol.-% Saratow-Moskau	Daschawa-Moskau
Methan	94,6	98,9
Äthan	1,72	0,17
Propan u. höhere	0,48	0,13
Stickstoff	3,00	0,63
Saure Gase (H_2S und CO_2)	0,20	0,17

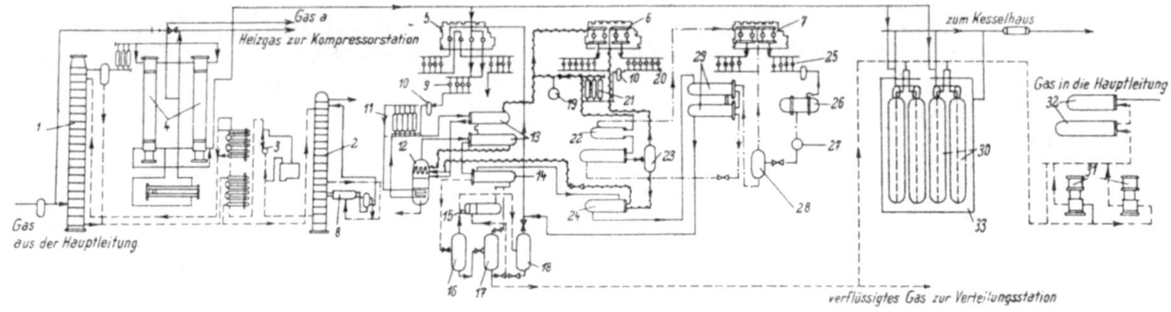

Abb. 1. Schema des Moskauer Verflüssigungswerkes für Erdgas

1 – Absorptionskolonne; 2 – Desorber; 3 – Pumpe für Lösung; 4 – Trockner; 5 — Kompressor für Erdgas (mit Gasantrieb); 6 – Kompressor für Methan; 7 – Kompressor für Ammoniak; 8 – Dampferhitzer; 9 – Endkühler für Erdgas; 10 – Abscheider; 11 – Kohlebatterie; 12 – Ausdampfkolonne; 13 – Kondensatoren für Erdgas; 14 – Unterkühler; 15 – Wärmeaustauscher für Wiederverflüssigung; 16, 17 und 18 – Abscheider; 19 – Reservebehälter für Äthylen; 20 – Endkühler für Äthylen; 21 – Kohlebatterie; 22 – Äthylen-Kondensatoren; 23 – Trennapparat; 24 – Unterkühler für Äthylen; 25 – Endkühler für Ammoniak; 26 – Kondensator für Ammoniak; 27 – Behälter für Ammoniak; 28 – Abscheider; 29 – Ammoniak-Unterkühler; 30 – Behälter für flüssiges Methan; 31 – Pumpe für flüssiges Methan; 32 – Verdampfer; 33 – Hülle des Speichers. Gas a – Gas zum Kesselhaus.

Der Feuchtigkeitsgehalt des eintretenden Gases entspricht einem Taupunkt von minus 1° C, entsprechend 0,32 g Wasser pro m³ Gas.

Der Reinigungsprozeß geht in der Absorptionskolonne 1 vor sich, in der das Erdgas von unten nach oben im Gegenstrom zu der Lösung strömt.

Nach der Reinigung verbleiben im Erdgas 0,005 bis 0,008 Volumen-% CO_2 und Spuren von H_2S.

Die Trocknung des Gases erfolgt in zwei periodisch arbeitenden Trocknern (4), die mit aktivem Aluminiumoxyd gefüllt sind.

Das gereinigte und getrocknete Erdgas gelangt über die Kompressorabteilung in die Verflüssigungsanlage.

Die Menge des Erdgases, das zur Verflüssigung geht, kann zwischen 2500 und 8650 m³ je Stunde schwanken.

Speicherung des flüssigen Methans

Die Aufbewahrung des flüssigen Methans ist eine der schwierigsten und wichtigsten Fragen bei der Verflüssigung des Erdgases. Sie muß bei niedrigen Temperaturen (—154° C) erfolgen, so daß eine außerordentlich zuverlässige Isolierung der Behälter notwendig ist, da sonst beträchtliche Gasverluste eintreten würden.

Als erstes wurde im Verflüssigungswerk ein Versuchsspeicher aufgestellt, der aus 4 Einzelbehältern bestand. An ihm wurden alle notwendigen Untersuchungen und Prüfungen der Konstruktion durchgeführt.

Der Speicher besteht aus einer äußeren gasundurchlässigen Hülle, sie stellt ein metallisches Gefäß mit einer Wandstärke von 4—5 mm, einem Durchmesser von 10 m und einer Höhe von 16 m dar. Der Boden dieses Gefäßes ruht auf einer Konstruktion aus Eisenbeton. Innerhalb dieses Reservoirs sind auf einem Holzpodest 4 vertikale Behälter mit einem Durchmesser von je 3 m und einer Höhe von 13 m angeordnet. Sie wurden aus nichtrostendem, kältebeständigem Stahl der Marke E Ja—1T hergestellt. Diese Behälter werden mit flüssigem Methan gefüllt.

Die inneren Zwischenräume sind mit Blöcken aus dem Isoliermaterial „Mipora" mit einer mittleren Dicke von etwa 1 m ausgefüllt. In den metallischen gasundurchlässigen Behälter wird von oben und unten getrocknetes Erdgas eingeführt, um ihn durchzublasen und die Luft aus dem Reservoir vor dem Abkühlen des Behälters zu entfernen. Auf dem Dach der Hülle sind 4 Sicherheitsventile angebracht, die bei Erhöhung des Druckes über das zulässige Maß hinaus in Funktion treten; das sind im allgemeinen 20—30 mm Wassersäule.

Der Versuchsspeicher ist durch eine Methanleitung mit der Verteilungsstation verbunden. Außerdem kann man aus dem Behälter flüssiges Methan in den Vergasungsbetrieb leiten, wo in Spezialwärmeaustauschern die Verdampfung erfolgt und anschließend die Abgabe an das Moskauer Gasnetz.

Das geometrische Gesamtvolumen der 4 Behälter für flüssiges Methan beträgt 344 m³. Maximal wird bis zu 80% des geometrischen Volumens gefüllt, d. h. man kann in den vier Behältern insgesamt 130 t Methan speichern.

Diese Menge flüssigen Methans entspricht 195000 Nm³ Gas. Zum Vergleich kann man angeben, daß diese in den vier Behältern gespeicherte Gasmenge etwa dem Fassungsvermögen einer großen Gasspeicheranlage für Mitteldruck (5—8 at) entspricht, die aus 180 Behältern besteht. Daran erkennt man den großen Vorteil des flüssigen Methans, das nur ein kleines Volumen einnimmt.

Der Betrieb dieses Versuchsspeichers wurde im September 1954 aufgenommen. Nachdem der Behälter mit trocknem Erdgas durchgespült worden war, begann man ihn abzukühlen. Um das Füllen bequemer verfolgen zu können und um die Verluste an flüssigem Methan zu verringern, wurden die Behälter nacheinander gefüllt.

Man beobachtete wesentlich höhere Verdampfungsverluste als im Projekt angenommen wurde. Außerdem vereiste die Hülle — an einigen Stellen nahm sie Temperaturen bis zu —45° C an.

Die unnormalen Erscheinungen und die hohen Gasverluste zwangen zum Schluß, daß die Isolation des Behälters ungenügend sei.

Während des weiteren Betriebes des Versuchsspeichers wurde festgestellt, daß Verluste auch an den Verbindungsröhren auftreten, die innerhalb des Behälters angeordnet sind. Durch Untersuchungen wurde festgestellt, daß die Verwendung von Blöcken aus „Mipora" keine guten Resultate ergibt, weil die Blöcke untereinander nicht verklebt sind und so ein Labyrinth kleiner Spalten entsteht, durch das der Zutritt von Wärme in den Behälter erleichtert wird (die Blöcke aus „Mipora" sind mit einer Zwischenschicht von Miporapulver ähnlich wie Ziegel beim Hausbau angeordnet).

Die „Mipora"-Blöcke stellen den erstarrten Schaum eines Formaldehydharzes dar, der eine niedrige Wärmeleitfähigkeit besitzt. Es wird in Blöcken aus einer feinporigen weißen Masse geliefert; das Volumgewicht ist sehr gering (12—20 kg je m³ — ein anschauliches Beispiel: ein Block von 1 × 0,5 × 0,25 m wiegt weniger als 2 kg).

Das Material ist plastisch und hat eine geringe mechanische Festigkeit. Es muß sowohl auf dem Transport als auch bei der Verarbeitung sehr vorsichtig behandelt werden. Seine große Porosität macht es sehr aufnahmefähig für Feuchtigkeit, aber im feuchten Zustand verschlechtert sich die Isolationsfähigkeit sehr stark. Infolgedessen erfolgt Transport und Lagerung unter Bedingungen, die das Material vor Feuchtigkeit schützen. Die Isolierungsarbeiten wurden sehr sorgfältig durchgeführt.

Der Speicher der Verteilungsstation ist ein zylindrisches Reservoir mit konischem Dach, in dem die Gefäße für das flüssige Methan aufgestellt sind. Die gesamte Innenoberfläche ist mit Isolationsmaterial bedeckt. Da es sich in einer hermetisch abgeschlossenen Hülle befindet, erübrigt sich ein Schutzanstrich gegen Feuchtigkeit. Das Material wurde durch eine Luke eingebracht, dann wurden die ersten 4 Schichten im Verband vom Rand zur Mitte hin geschichtet, und zwar auf eine Lage von granuliertem „Mipora", das in einer gleichmäßigen Schicht bis zu 25 mm Dicke eingeschüttet worden war. Dabei waren die Nähte so gegeneinander versetzt, daß keine durch die ganze Isolationsschicht hindurchgehenden Spalten entstanden. Die Nähte wurden mit feinem Pulver ausgefüllt.

Die Hauptschwierigkeiten im Betrieb des Speichers für flüssiges Methan sind mit dieser Isolation verknüpft.

Eingehende Untersuchungen zeigten, daß das Wärmeleitvermögen von Mipora in Blockform wesentlich höher ist als für granuliertes Material.

In Zukunft muß man deshalb zur Isolation mit granuliertem Mipora übergehen. Man muß aber auch Untersuchungen über andere Isolationsmaterialien anstellen.

Die Zuführungsleitung für das flüssige Methan zum Speicher und die Ableitungen für das Gas dürfen nicht im Innern angebracht werden, sondern man muß sie außen anordnen, um sie beobachten und nötigenfalls reparieren zu können. Die Speicher sind so zu konstruieren, daß sich innerhalb der gasundurchlässigen Hülle nur die Behälter für das flüssige Methan und das Isolationsmaterial befinden.

Man muß neue, vollkommenere Methoden für die Beobachtung der Flüssigkeitsstände erproben, wobei man kernphysikalische Methoden verwenden sollte.

In diesem Zusammenhang muß kurz auf die Untersuchungen im Erdgas-Verflüssigungswerk des Unions-Forschungs-Institutes für Erdöl und Erdgas zur Schaffung neuer Speichertypen eingegangen werden. Es war die Aufgabe gestellt, den bisher für die Behälter verwendeten nichtrostenden Stahl durch ein billigeres und leichter beschaffbares Metall zu ersetzen.

Das Metall für die Behälter muß bei normaler Temperatur eine hohe Festigkeit besitzen und diese auch bei der Temperatur des flüssigen Methans behalten; außerdem muß es eine genügende Plastizität und Zähigkeit bis zu tiefen Temperaturen herab behalten. Die gleichen Forderungen gelten für die Schweißnähte.

Die für die Brauchbarkeit eines Metalls zur Herstellung von Gefäßen für flüssiges Methan entscheidende Größe ist die Kerbschlagzähigkeit. Diese hängt in der Hauptsache von der Zusammensetzung, der Struktur und der Wärmebehandlung des Metalls, von der Konstruktion, von den wirksamen Belastungen (Geschwindigkeit der Lastwechsel, Verteilung der Lastwechsel, Art der Deformation usw.) und vom Einfluß der Umgebung (Temperatur, chemische Einwirkungen usw.) ab.

Der Einfluß der einzelnen Elemente auf die mechanischen Eigenschaften bei tiefen Temperaturen ist bisher nur wenig untersucht worden. In der Literatur gibt es Hinweise darauf, daß sich Nickel günstig auf die plastischen Eigenschaften der Stähle bei tiefen Temperaturen (— 160° C) auswirkt. Stationäre Speicher sind an sich keinen Stößen ausgesetzt, aber während der Füllung mit flüssigem Methan treten durch die starken Temperaturabfälle starke Spannungen auf; diese gleichen sich erst im Laufe der Zeit aus.

Vergasung des flüssigen Methans

Wie bereits erwähnt, ist im Werk die Möglichkeit vorgesehen, das flüssige Methan zu verdampfen und das Gas während der Spitzenzeiten in die Moskauer Gasleitung abzugeben.

Die Verdampfung ist deshalb so schwierig, weil man den Druck des verdampften Gases auf 12—30 at bringen muß, unter dem es in die Moskauer Gasleitung abgegeben werden muß. Bei der Projektierung erwies es sich als am zweckmäßigsten, zunächst den Druck des flüssigen Methans mit Hilfe von Spezialpumpen auf 20 at zu steigern. Die Verdampfung von Methan unter niedrigem Druck und anschließende Kompression des Gases würde die Anwendung von Kompressoren großer Leistung erfordern. Diese würden wegen der periodischen Arbeit nur zu einem geringen Grade ausgenutzt werden können.

Ein dreijähriger Betrieb im Moskauer Verflüssigungswerk zeigte, daß die Einrichtungen und Apparaturen des Werkes arbeitsfähig sind. Der Verflüssigungsprozeß selbst wird beherrscht. Es dauert weniger als einen Tag, bis man Flüssigkeit erhält. Im Augenblick ist man darangegangen, die Anlage vollautomatisch einzurichten, und man hat eine Reihe von Arbeitskräften freistellen können. Auch die in der UdSSR hergestellte Apparatur arbeitet zufriedenstellend (Speicher, Pumpen, Regelgeräte, Armaturen usw.), obwohl dafür noch keine Erfahrungen vorlagen.

Verwendung des flüssigen Methans

Flüssiges Methan kann zur Bildung einer Reserve und zum Ausgleich der saisonbedingten Schwankungen im Gasverbrauch verwendet werden, für die Versorgung des Kraftverkehrs mit Treibgas und für die Gasversorgung von Orten, die weit entfernt von Gasleitungen liegen. Außerdem kann es als Rohprodukt für chemische Prozesse dienen.

Bildung von Gasreserven

Obwohl in Moskau mehrere größere voneinander unabhängige Anlagen für die Gasversorgung existieren, ist es doch notwendig, einen größeren Vorrat anzulegen. Dabei hat die Lagerung in flüssiger Form außerordentlich große Vorteile vor der Aufbewahrung in Gasbehältern. Man braucht nur daran zu denken, daß selbst dann, wenn man im Moskauer Werk nur 42 Gefäße aufstellen würde, der Vorrat an flüssigem Methan die Gesamtkapazität aller Moskauer Gasbehälter um das 2- bis 3fache übertreffen würde.

Auf die Verwendung von flüssigem Methan als Motortreibstoff (Oktanzahl 125, Freiheit von Verunreinigungen, geringerer Verschleiß der Motoren usw.) wird in Kapitel VII des Buches ausführlich eingegangen.

Besonders großes Interesse bietet die Möglichkeit, flüssiges Methan für die Gasversorgung von Orten zu verwenden, die weit von Gashauptleitungen und von Gaswerken entfernt liegen. Man kann ihre Versorgung einfach und wirtschaftlich durch flüssiges Methan organisieren.

Die Gasversorgung von Orten mit 3—10000 Einwohnern und einem mittleren Tagesverbrauch von 1000—3000 Nm^3 erfordert schon bei einer Entfernung des Verbrauchers von der Gasquelle von etwa 50 bis 100 km einen ganz erheblichen Aufwand an Metall und Geldmitteln. Man könnte sie aber vollständig gasifizieren, wenn man einmal am Tag einen Transporttank mit einem Fassungsvermögen von 1000—3000 l Flüssigkeit dorthin bringt.

Dieser neue Prozeß der Gasifizierung erfordert also nur den Transport von flüssigem Methan in Autotanks von Moskau zu dem betreffenden Ort und Vergasung an Ort und Stelle. Schematisch ist eine solche Station in Abb. 2 dargestellt.

Im Ort wird eine Zisterne für flüssiges Methan aufgestellt, man kann dafür zum Beispiel die Standardtypen der Flüssig-Sauerstoff-Tanks benutzen oder die im Podolsker Werk aus nichtrostendem Stahl hergestellten Gefäße.

Die Verdampfung dieses flüssigen Methans kann man durch Wärme aus der Umgebung bewirken, es entsteht also kein Aufwand an Wärmeenergie. Außerdem könnte man die dabei auftretende Kälte im Haushalt nutzbar machen.

Infolge der natürlichen Verdampfung entsteht im Gefäß ein Überdruck, dieser treibt einen Teil der Flüssigkeit in den Wärmeaustauscher-Verdampfer. In diesem wird die Flüssigkeit durch heißes Wasser erwärmt und verdampft. Das Gas geht von dort in das Ortsnetz. Die verdampfte Menge kann man leicht durch die Regulierung der Flüssigkeitsmenge, die in den Verdampfer eintritt, dem Bedarf anpassen. Auch dafür hat unsere Industrie die notwendige Apparatur bereitgestellt.

Den mittleren Verbrauch eines Ortes mit 3000 Einwohnern kann man mit $3000 \times 0{,}5\ m^3/Tag$ ansetzen, dafür muß man etwa 2600 l oder 1,1 t flüssiges Methan verdampfen. Um einen Vorrat für 2 Tage anzulegen, müßte man also 2 Standardbehälter von je 2800 l aufstellen.

Der Transport erfolgt in den Autozisternen, die von Vniichimmasch projektiert und von Glavkislorod hergestellt werden. Ihr Fassungsvermögen beträgt 2600 l, im obigen Beispiel genügt also die Anfuhr einer Zisterne je Tag.

Wenn man die Gasversorgung auf diese Weise durchführt, fällt der Bau von Ferngasleitungen weg, d. h. es sind erhebliche Einsparungen an Metall und Anlagekosten möglich. Außerdem wird das Volumen der erforderlichen Speicher erheblich kleiner (610mal).

Abb. 2. Versorgung von Haushalten mit flüssigem Methan (schematisch)

Die Erzeugungskosten für flüssiges Methan betragen im Moskauer Werk 250 Rbl. für eine Tonne. Unter Berücksichtigung der Transportkosten, des Aufwandes für Lagerung und Verdampfung des flüssigen Methans könnte man im Ort das Gas für 40—45 Kop. je m^3 abgeben, das ist weniger als die Kosten für Gas aus Kohle oder für flüssiges Flaschengas (Butan-Propan-Fraktion) betragen.

Mit flüssigem Methan kann man Orte gasifizieren, für die das auf andere Weise unmöglich wäre.

Das flüssige Methan enthält keinerlei giftige Beimengungen und erfüllt alle Forderungen, die man an ein Gas für den täglichen Bedarf stellen kann.

Der Prozeß der Verflüssigung von Erdgas hat große Aussichten. Unsere Forschungsinstitute müssen die Durchführung entsprechender Untersuchungen auf diesem Gebiet beschleunigen. Besonderes Augenmerk muß man dabei auf die Möglichkeiten für die Ausnutzung der Erdöl-Begleitgase richten, besonders darauf, daß die flüssigen Kohlenwasserstoffe vollständiger erfaßt werden als das mit Absorptions- und Adsorptionsmethoden möglich ist.

Beachtung verdient auch die Untersuchung der Frage, ob man flüssiges Methan in Rohrleitungen auf größere Entfernungen transportieren kann. Wenn man dafür eine günstige Lösung findet, könnte man das Erdgas unmittelbar an der Quelle verflüssigen und den Transport durch Röhren kleiner Querschnitte durchführen.

Verflüssigung von Erdgas in den USA

Im Ausland hat man sich zuerst in den USA mit der Verflüssigung von Erdgas beschäftigt.

In den USA wächst in den Nordstaaten der Gasverbrauch in den Wintermonaten außerordentlich stark an. Dann sind die Gasleitungen mit ihrer vollen Kapazität ausgelastet, dann arbeiten alle Kompressorstationen voll, und das gesamte aus den Sonden austretende Gas wird verbraucht. Umgekehrt sinkt im Sommer der Verbrauch sehr stark ab, und die Kapazitäten werden nur teilweise ausgenutzt.

Unter diesen Umständen taucht die Frage auf, wie man das Gas aufbewahren und einen Vorrat für den Winter anlegen kann. Die Einrichtung der erforderlichen Anzahl von Gasbehältern vom trocknen oder feuchten Typ oder von Hochdruckgasspeichern konstanten Volumens würde einen gewaltigen Aufwand an Metall und Investitionsmitteln erfordern.

Natürlich stellen Gasleitungen großer Ausdehnung selbst einen Gasspeicher dar. Zum Beispiel hat die Gasleitung Saratow-Moskau mit 800 km Länge bei der vorgesehenen Betriebsweise ein Fassungsvermögen bis zu 2,5 Millionen m^3 Gas. Das entspricht etwa ihrer Leistung in 2 Tagen.

In den USA hat man früher zuweilen nachts den Druck in den Gasleitungen bis zur zulässigen Grenze erhöht und dadurch eine Gasspeicherung herbeigeführt; am folgenden Tag sank dann mit zunehmendem Gasverbrauch der Druck ununterbrochen ab. Diese Methode kann jedoch nicht die erforderlichen Reserven bereitstellen, ganz abgesehen von den negativen Seiten im Betrieb.

Verschiedene Gesellschaften in den USA benutzen unterirdische Gasspeicher, und zwar abgebaute Gas- oder Erdölschichten. In sie wird das Gas unter großem

Druck im Sommer eingepreßt und hier bis zum Eintritt eines höheren Bedarfes aufbewahrt. Eine weitere Lösung des Problems stellt die Verflüssigung von Erdgas und seine Aufbewahrung in Speichern von verhältnismäßig kleinem Volumen dar.

Die Verflüssigung von Erdgas begann in den USA im Zusammenhang mit der Produktion von Helium. Dieser Prozeß wird schon vollkommen beherrscht und wird in vielen Betrieben im großen Maßstab angewandt.

Die Schwierigkeiten bei der Speicherung, vor allem die Wahl des geeigneten Metalls und der geeigneten Isolation, sind die gleichen wie sie oben für das Moskauer Versuchswerk geschildert wurden. Die ersten Versuchsarbeiten in den USA wurden mit einem kleinen Speicher durchgeführt, der mit Isolierplatten von 1 m Dicke bedeckt war. Das Reservoir wurde mit flüssigem Gas gefüllt und ständig nachgefüllt, bis ein Temperaturgleichgewicht erreicht war. Die Brauchbarkeit des Isolationsmaterials wurde nach der verdampften Gasmenge und der mit Thermoelementen ermittelten Temperaturverteilung beurteilt. Gleichzeitig wurde das Verhalten verschiedener Metalle in diesem Temperaturgebiet untersucht.

Auf Grund dieser Versuche wurden bei der Projektierung zwei Wege beschritten, einer mit Expansionsmaschine und einer mit Kaskade. Die Kaskade wurde dann endgültig gewählt und mit ihr eine Versuchsstation für Verflüssigung, Reinigung und Speicherung eingerichtet. In ihr wurde die Verdampfungsquote bestimmt und gleichzeitig das Verhalten von legierten Stählen verschiedener Sorten ausprobiert. Außerdem untersuchte man den Einfluß der nicht kondensierbaren Gasbestandteile (insbesondere des Stickstoffs), die Entfernung von Wasserdampf und Kohlensäure aus dem Gas und die günstigste Isolation.

Die Versuchsstation mit 11300 m³ Tagesleistung wurde in Cornwell von der amerikanischen Gasgesellschaft errichtet.

Die Aufbewahrung des flüssigen Gases erfolgt in einem Behälter von 3 m Durchmesser und 5,5 m Länge, der 54 m³ faßt — das entspricht etwa 28000 m³ Gas. Dieser Behälter war aus legiertem Stahlblech hergestellt und mit Kork isoliert (Dicke der Schicht 0,75 m, Kork mit bituminösem Harz getränkt).

Die Kälteanlage hatte eine Leistung von 300 kW. Für die oberen Temperaturbereiche wurden gewöhnliche Röhren und Armaturen verwandt, für Temperaturen unterhalb von $-45°$ C wurden diese aus reinem Kupfer oder aus nichtrostendem Stahl hergestellt.

Die Arbeiten in dieser Anlage zeigten, daß man aus ihr Wasserdampf und Kohlensäure sowie Stickstoff, Sauerstoff und andere nicht kondensierbare Gase sorgfältig entfernen muß.

Bei Temperaturen unterhalb von $-50°$ C werden die aus Stahl hergestellten Röhren und Speicher spröde. Deshalb müssen für diese Temperaturen alle Apparate, Armaturen und Röhren aus Kupfer, nichtrostendem Stahl oder Bronze hergestellt werden. Die Behälter kann man auch aus legierten Blechen mit weniger als 0,09% Kohlenstoff und mehr als 3,5% Nickel herstellen.

Als geeignetstes Isolationsmaterial erwies sich Kork in granulierter Form.

Bei einer Temperatur von $-157°$ C ist die Molekularbewegung in einem kondensierten Gas schon so gering, daß die Flüssigkeit selbst ein guter Isolator ist. Um sie zu erwärmen, muß man sie zerstäuben und rasch bewegen.

Die erste industrielle Anlage für Verflüssigung von Erdgas wurde im Jahre 1941 in Cleveland errichtet. Cleveland, Pittsburgh — vor allem die großen Stahlwerke — und andere Industriestädte dieses Gebietes erhalten ihr Gas aus den Vorkommen in den Appalachen. Wegen des großen Versorgungsgebietes war die Befriedigung der außerordentlich starken Spitzenanforderungen, wie sie aus Abb. 3 ersichtlich sind, von besonderer Wichtigkeit.

Aus den Angaben ersieht man, wie notwendig gerade im Bezirk Cleveland eine Verflüssigungseinrichtung war.

Die Verflüssigungsanlage wurde mit einer projektierten Kapazität von 114000 m³ Erdgas je Tag gebaut. Bis zu 2 Millionen m³ können je Tag verdampft werden. Die Speicherung erfolgt in drei kugelförmigen und zwei vertikal aufgestellten, zylindrischen Behältern, ihr Gesamtvolumen beträgt 17000 m³ — das entspricht etwa 10 Millionen m³ Gas unter Normalbedingungen.

In Abb. 4 ist die Anlage schematisch dargestellt.

Das Gas tritt mit 2 at in die Anlage ein und wird von einem Kompressor mit 450 kW Leistung auf etwa 40 at verdichtet. Die Abkühlung des gereinigten (Ölabscheider, Waschsäule, Geltrocknung) Gases erfolgte mit Hilfe eines Ammoniak- und eines Äthylen-Kreislaufes und durch Drosselentspannung.

Die gesamte Leistungsaufnahme (Kompressoren und Pumpen) beträgt etwa 2600 kW.

Das flüssige Methan wird in speziellen kugelförmigen Reservoiren aufbewahrt. Diese sind doppelwandig ausgeführt, der Zwischenraum (Abstand 900 mm) ist mit Korkisolation gefüllt. Die untere Hälfte der Isolierung besteht aus neun Korkschichten von je 100 mm Dicke; der obere Teil der Isolation ist aus granuliertem Kork hergestellt.

Der innere kugelförmige Behälter hat 17,4 m Durchmesser und ein Volumen von 2400 m³. Das entspricht etwa 1,4 Millionen Nm³ Gas. Der Durchmesser des äußeren Gefäßes beträgt 19,2 m. Das innere Gefäß ist aus einem Spezialstahl hergestellt, der 0,09% Kohlenstoff und 3,5% Nickel enthielt; es ist voll geschweißt. Für die Schweißung wurden Spezialelektroden mit

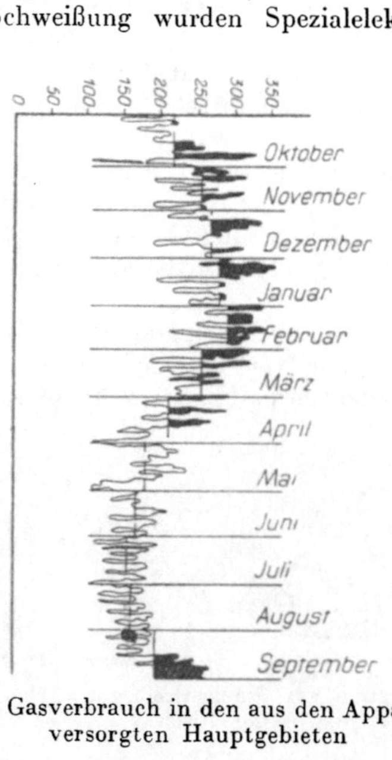

Abb. 3: Gasverbrauch in den aus den Appalachen versorgten Hauptgebieten

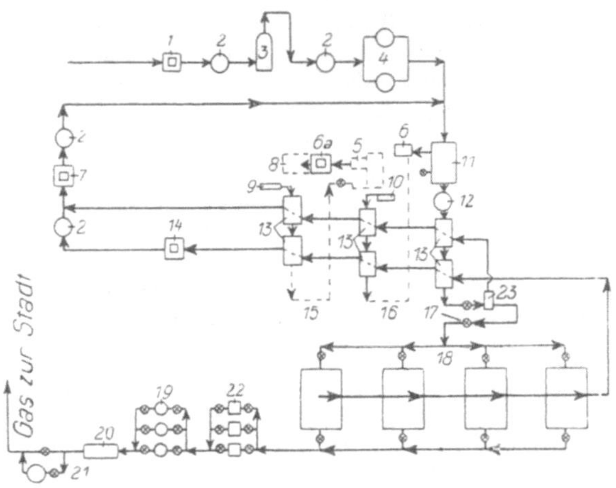

Abb. 4. Technologisches Schema der Verflüssigungsanlage für Erdgas

1 – Kompressor; 2 – Ölabscheider; 3 – CO_2-Wäsche (Monoäthanolamin und Diäthylen-glykol); 4 – Trocknung (Alumogel); 5 – Kondensator; 6 – Kompressor (900 kW); 6a – Kompressor (450 kW); 7 – Kompressor (600 kW) für den Rückkreislauf Nr. 1; 8 – NH_3-Kondensator (Wasserkühlung); 9 – Sammelgefäß für flüssiges Ammoniak; 10 – Sammelgefäß für flüssiges Äthylen; 11 – Gegenstrom-Wärmeaustauscher für Methan-Äthylen; 12 – Ausgleichgefäß; 13 – Gas-Wärmeaustauscher; 14 – Kompressor (110 kW) für den Rück-Kreislauf Nr. 2; 15 – Ammoniakleitung; 16 – Äthylenleitung; 17 – Expansionsventil; 18 – Behälter für verflüssigtes Gas; 19 – Verdampfer (Erwärmung mit Frischdampf); 20 – Gaserwärmer mit Abdampf; 21 – Rücklaufventil; 22 – Pumpen für verflüssigtes Gas; 23 – Auffänger für verflüssigtes Gas

hohem Gehalt an Nickel und Chrom verwendet. Das äußere Gefäß ist aus gewöhnlichem Kohlenstoffstahl hergestellt.

Wollte man die in diesem Kugelbehälter gespeicherte Menge gasförmig speichern, brauchte man 10 Gasbehälter mit einem Durchmesser von je 66 m und einer Höhe von 53 m. Die Kugelbehälter brauchen also nur wenig Platz, was für städtische Verhältnisse sehr wichtig ist.

Die Firma Clark projektiert einen neuen Typ von Behältern, und zwar zylindrische Gefäße, die unterirdisch angeordnet werden. Näheres ersieht man aus Abb. 5. Sie sind weniger gefährlich und führen zu einer wesentlichen Verringerung der Gasverluste durch Verdampfung während der Speicherung. Die Isolation, die Baustoffe und das Herstellungsverfahren waren dieselben wie bei den kugelförmigen Behältern. Der Durchmesser beträgt 21 m, die Höhe 13 m; ein Reservoir faßt 5000 m³ (entsprechend 2,6 Mio m³ Gas). Böden und Deckel sind Spezialausführungen, um die mechanischen Belastungen aufnehmen zu können.

Die Wiedervergasung erfolgt durch Dampf in einer Spezialkammer bei einem Druck, der dem im städtischen Netz entspricht.

Die Verdampfungsapparatur besteht aus den Pumpen, die das flüssige Methan auf den für die Einleitung in das städtische Netz erforderlichen Druck bringen und aus den Heizern, die bei 10°C arbeiten. Dabei dient der Dampf gleichzeitig als Isolation.

Zur Verdampfung von 28600 m³ Gas wurden in Cleveland nach Angaben des Werkes 5 Millionen kcal gebraucht. Die mit gasförmigem oder flüssigem Brennstoff beheizten Kessel lieferten 28 to Dampf je Stunde.

In den USA trug man sich lange mit dem Gedanken, das Erdgas unmittelbar an den Sonden zu verflüssigen und das flüssige Methan auf dem Wasserwege zu transportieren.

Es wurde vorgeschlagen, das Gas in Louisiana zu verflüssigen und etwa 3,6 Mrd. m³ Gas je Jahr in den Bezirk Pittsburgh zu transportieren. Dort sollten 1 Mrd. m³ in flüssiger Form gespeichert werden, und bis zu 10 Mio m³ je Tag sollten durch Verdampfung zum Ausgleich der Spitzenbelastungen zur Verfügung stehen.

Zur Verwirklichung dieses Projektes wären etwa 7000 t Stahl erforderlich. Das ist eine außerordentlich kleine Stahlmenge im Vergleich zu dem Aufwand bei anderen Projekten einer Gasversorgung von solchem Ausmaß. Das Vorhaben wurde indessen nicht verwirklicht. Man arbeitet aber jetzt an der Ausführung des Projektes von Morrison, das sich mit der Versorgung von Chikago durch in Louisiana verflüssigtes Erdgas beschäftigt. Das Erdgas wird in einer Anlage verflüssigt, die auf einem Schiff in der Nähe der Gassonden untergebracht ist. Das verflüssigte Methan wird in Tankschiffe umgeladen, die auf dem Mississippi nach Chikago geschleppt werden. Dort wird es zum Ausgleich der

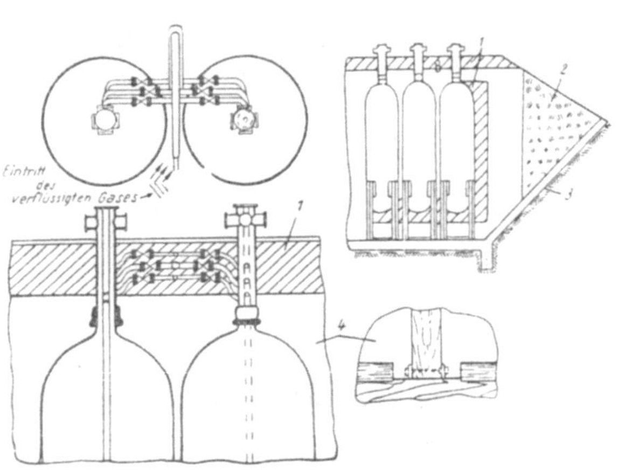

Abb. 5. Schema der unterirdischen Speicher für flüssiges Methan (Firma Clark)

1 – Isolation; 2 – Abdeckung gegen Feuchtigkeit; 3 – gewachsener Boden; 4 – Sand

Spitzenbelastungen und als Kältequelle in den Betrieben der Lebensmittelindustrie verwendet.

Der eigentliche Verflüssigungsprozeß der neuen Anlage unterscheidet sich praktisch nur wenig von dem oben beschriebenen. Für den Transport des flüssigen Methans wurden 8 Schiffe gebaut, die in 11–14 Tagen von der Verflüssigungsanlage aus Chikago erreichen. Zwei Schiffe werden jeweils an der Anlage mit flüssigem Methan beladen.

Im einzelnen schlägt ein Projekt der Firma Clark für eine Reihe von Städten (Pittsburgh, Cleveland u. a.) die Gasversorgung aus den reichen Vorkommen in Louisiana und Texas vor, und zwar unter Einschaltung des Wasserweges. Das Projekt ist in Abb. 6 schematisch dargestellt. Das Gas soll unmittelbar aus den Sonden in das Verflüssigungswerk geleitet und dort verflüssigt werden. Das flüssige Methan wird in Spezialschiffe mit Zisternen verladen und auf dem Wasserwege nach dem Norden gebracht. Im Verbrauchsgebiet sollen Speicher und Vergasungsanlagen errichtet werden. Um einen normalen Betrieb der Anlage auch dann zu gewährleisten, wenn die Schiffe unterwegs sind, werden im Werk große Speicher für flüssiges Methan errichtet.

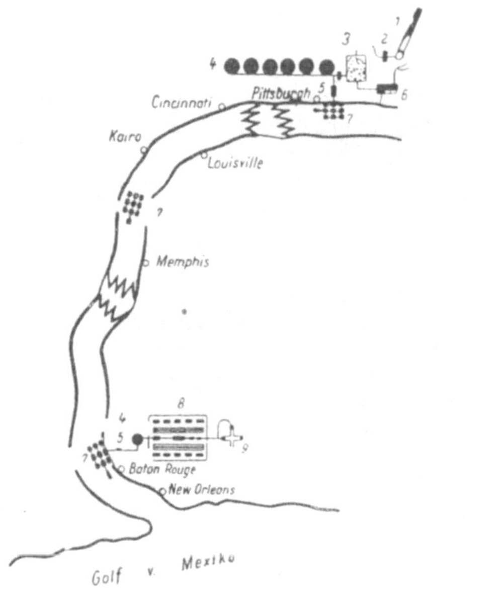

Abb. 6. Schematische Darstellung des Transportes von flüssigem Methan auf dem Wasserwege

1 – Gasleitung; 2 – Zähler; 3 – Vergasungsanlage; 4 – Speicher; 5 – Pumpe; 6 – Kesselstation; 7 – Schiffe; 8 – Verflüssigungswerk; 9 – Gassonde

Die Schiffe für dieses Unternehmen sind mit einer Länge von ungefähr 100 m und einer Breite von 17–18 m projektiert. Eine aus 4 Schiffen bestehende Karawane kann mehr als 13000 m³ Flüssigkeit transportieren (das entspricht etwa 10 Mrd. m³ Gas).

Werden zwei Schiffe in Chikago entladen, sind die übrigen vier auf dem Weg. Auf diesen Schiffen befinden sich sorgfältig isolierte Tanks für die Speicherung von flüssigem Methan. Die Isolation wurde vorher mit flüssigem Stickstoff (bei —196° C) erprobt.

Die während des Transports verdampfende Methanmenge wird vollkommen ausgenutzt, sie dient zum Antrieb der Motoren der Schlepper. Die Schiffe können nach Chikago bis 500000 m³ Gas je Tag transportieren. Die Verdampfung erfolgt unter gleichzeitiger Ausnutzung der Kälte, was zu einer starken Kostensenkung beiträgt.

Die besonderen Vorteile der Anlage sind folgende:

Es ist möglich, große Mengen von flüssigem Methan in Bereiche zu befördern, wo es keine anderen Gasquellen gibt oder wo es nicht rentabel wäre, Ferngasleitungen zu verlegen.

Die Kapitalaufwendungen zur Einrichtung dieses Transportsystems für flüssiges Methan aus Louisiana nach Chikago sind bedeutend niedriger als die für den Bau einer Rohrleitung gleicher Leistungsfähigkeit, wobei das Einsparen von Röhren noch nicht in Rechnung gestellt ist.

Der Transport von flüssigem Methan auf dem Wasserwege ist vollkommen gefahrlos.

Die Kälte des flüssigen Methans wird in Chikago ausgenutzt.

England hat eine Kommission zum Studium dieser Anlage nach den USA geschickt. Man hat die Absicht, das Erdgas im nahen Osten oder in anderen Ländern zu verflüssigen und es in Tankern nach England zu bringen. Man rechnet damit, daß die Kosten des verflüssigten Erdgases bedeutend niedriger sein werden als die Kosten für Gas aus Kohle.

Zur Methodik der geologischen Erkundung in Abhängigkeit von den Lagerstättentypen

OSCAR OELSNER, Freiberg

(Mitteilungen aus dem Mineralogischen Institut der Bergakademie Freiberg, Nr. 79)

Einleitung

Von der Zeit an, in der es von der Industrie für notwendig befunden wurde, die vorhandenen Reserven eines Bergbaubetriebes als Erzreserven anzugeben, um etwa notwendige Investitionen sicherzustellen, sind die vorhandenen Erzmengen in verschiedene Vorratsklassen eingeteilt worden. Die Vorratsklassen unterscheiden sich durch ihren Erkundungsgrad. Der Sinn und Zweck der Aufstellung von Vorratsklassen war — und ist es noch heute — auszudrücken, daß bei verschiedenen Erkundungsgraden die Sicherheit der Aussage einer Vorratsberechnung sehr unterschiedlich sein kann.

Am Anfang der Erzvorratsklassifikation beschränkte man sich allgemein — in einzelnen kapitalistischen Ländern ist das jetzt noch so üblich — auf drei Vorratsklassen: sicher, wahrscheinlich und möglich.

Damit war ausgesagt, daß man mit der 1. Kategorie ziemlich bestimmt rechnen konnte, die Angaben der 2. Kategorie eben wahrscheinlich waren und die Angaben der 3. Kategorie im Bereich der Möglichkeit lagen.

Ein moderner Erzbergbau hat aber häufig Ausmaße, die es nicht mehr gestatten, sich derartig unbestimmt auszudrücken. Die Investitionen eines größeren Bergbaus sind heute außerordentlich groß. Um diese Investitionen zu ermöglichen, müssen die Erzvorräte, auf die die Investitionen abgeschrieben werden sollen, unbedingt vorhanden sein. Verwendet man für die einzelnen Kategorien unbestimmte Begriffe, so bleibt lediglich als einigermaßen wahrscheinliche Basis für die Investitionen die Gruppe A und B nach der in der Deutschen Demokratischen Republik üblichen Klassifikation übrig. Das würde bedeuten, daß eine große Ganglagerstätte oder auch eine andere Lagerstätte plattenförmiger Art, z. B. eine syngenetisch-sedimentäre Sulfidlagerstätte, vor der Investition übererkundet werden müßte. Denn will man eine absätzige Ganglagerstätte so erkunden, daß tatsächlich die notwendigen Erzvorräte für die Investitionen vorhanden sind, dann ist es notwendig, einen übermäßigen Vorratsvorlauf hoher Kategorien zu erreichen, d. h., durch die am Anfang entstandenen Untersuchungskosten wird die Lagerstätte von vornherein so stark belastet, daß infolge des Zinsendienstes eine wirtschaftliche Gewinnung der Erze in Frage gestellt wird. Da man aber andererseits auf unbestimmte Angaben nicht investieren kann, macht sich vielerorts das Bestreben geltend, den Einzelkategorien ganz bestimmte Toleranzen zu geben, damit sich der Investmittelgeber im klaren ist, daß er, wenn z. B. 1 Mio t C_2-Vorräte angegeben sind, bestimmt mit 0,5 Mill t rechnen und diese als Grundlage für die Investitionen mit verwenden kann. Eine größere Fehlertoleranz ermöglicht aber die Anwendung von Untersuchungsmitteln, die weiträumiger angelegt werden können. Sie sind zwar von geringerer Aussagekraft, aber erheblich billiger. Der künftige Betrieb wird daher von vornherein nicht so stark mit Untersuchungskosten belastet und wird wirtschaftlicher arbeiten können.

Selbstverständlich darf die Verringerung an Untersuchungsarbeiten nicht so weit gehen, daß durch die Arbeiten eine Klärung der hydrogeologischen und der tektonischen Gegebenheiten der Lagerstätte unvollständig erfolgt. Es wird zwar immer Lagerstätten geben, bei denen — wie schon oben erwähnt — hohe Kategorien nicht erkundet werden. Andererseits darf man mit der Beschränkung auf niedere Kategorien nicht soweit gehen, daß eine Projektierung des Bergbaubetriebes infolge mangelnder Kenntnis von Umfang, Form, Gehaltsverteilung, Tektonik und der hydrogeologischen Verhältnisse der Erzlagerstätte und der Deckschichten mit solchen Unsicherheiten behaftet ist, daß schwere Fehlprojektierungen möglich sind.

Es sind dabei gewiß sehr große Schwierigkeiten zu überwinden, und zwar zunächst einmal bei den Investitionsmittel gebenden Stellen, die gewohnt sind, Investitionsmittel lediglich für höhere Kategorien zu genehmigen. Es soll erreicht werden, daß bei gewissen Lagerstätten Investitionen auf Grund von Vorräten niederer Kategorien durchgeführt werden können.

Eine weitere Schwierigkeit ist die Ermittlung des Maßes der Aus- und Vorrichtungsarbeiten, die die geforderte Toleranz auch gewährleistet. Bis man genügende Erfahrungen gesammelt hat, werden sich am Anfang entweder Unterbewertungen der untersuchten Lagerstätten, d. h. also Einstufung der Vorräte in niedrigere Kategorien als unbedingt notwendig, oder aber Überuntersuchungen als ein notwendiges Übel ergeben. Da jede Lagerstätte, auch wenn sie in eine Gruppe eingereiht und nach einem bestimmten Schema untersucht werden kann, doch Verschiedenheiten aufweist, ist strenggenommen ein Aufschlußprogramm für die Ermittlung einer bestimmten Kategorie für jede Lagerstätte gesondert aufzustellen. Es kann sich die Größe dieses Aufschlußprogrammes bzw. die Einstufung in die Kategorie auch ändern, wenn sich die Ansprüche der Wirtschaft an die Lagerstätte selbst ändern.

Auf jeden Fall ist es notwendig, bei einem Erzvorrat zwischen den eigentlichen Erzvorräten, d. h. Menge und Gehalten des Erzes an nutzbaren Elementen, und gesondert davon der wirtschaftlichen Verwertbarkeit zu unterscheiden, weil ja die untere Grenze der wirtschaftlichen Verwertbarkeit sehr schwankend ist und von den ökonomischen Verhältnissen abhängt.

Durch das in der Sowjetunion und in den Volksdemokratien, einschließlich der Deutschen Demokratischen Republik, übliche Schema ist dies dann gewährleistet, wenn streng in Bilanz- und Außerbilanzvorräte unterschieden wird. Erzvorräte, die wohl mengen- und gehaltsmäßig genau bekannt sind, bei denen aber die Technologie der Weiterverarbeitung noch nicht geklärt ist, sind nicht, wie das teilweise üblich war, in eine tiefere Kategorie zurückzustufen, sondern in die Außerbilanzvorräte einzureihen. Wenn dies geschieht, dann ist die von den Kommissionen der RGW vorgeschlagene Einteilung, d. h. also Wegfall der Kategorie A_2 und Aufstellung der Kategorie D, in Verbindung mit der Festlegung der Toleranz ein Mittel, jeden Lagerstättenvorrat mit solcher Genauigkeit einzustufen, daß er einmal im Rahmen des Friedenslagers mit Lagerstätten anderer Länder vergleichbar wird und zum anderen auch, daß er für die investmittelgebenden Stellen klar den Sicherheitsgrad der schlechtestenfalls zu erwartenden Erzmittel und Metallvorräte angibt.

Es sind grundsätzlich zwei Wege möglich, auf denen die Toleranzfestlegung von Vorratskategorien erreicht werden kann, und zwar:

1. Man legt die jetzt üblichen Gepflogenheiten zugrunde und überprüft, mit welcher Sicherheit ein jetzt bei verschiedenen Lagerstätten als Kategorie A bezeichneter Vorrat vorhanden ist, desgleichen für die Kategorien B, C_1 und C_2. Dieser Weg ist außerordentlich schwer durchführbar, weil nur die wenigsten Betriebe über ausreichende statistische Unterlagen darüber verfügen. Außerdem wird man dabei ganz gewiß die Feststellung machen müssen, daß die Wahrscheinlichkeitsgrenze, vor allen Dingen von B, C_1 oder gar C_2, bei den einzelnen Betrieben außerordentlich verschieden sein wird.

2. Man läßt die bisherigen Erzvorratsberechnungen unberücksichtigt und legt für neue Berechnungen von vornherein Fehlerkategorien fest. Das Netz der Untersuchungsarbeiten in jedem einzelnen Lagerstättentyp muß also dann so dicht sein, daß die geforderte Toleranzgrenze für die betreffende Kategorie der Lagerstätte erreicht ist. Dies würde bedeuten, daß künftighin sämtliche Bezeichnungen der Kategorien mit dem gleichen Unterschiedsgrad behaftet sind. Es ist dann Sache der geologischen Erkundung, daß das Netz so dicht gelegt wird, daß die gewünschte Kategorie auch erreicht wird. Das schließt nicht aus, daß es auf vielen Lagerstätten für die Erkundung unwirtschaftlich sein wird, das Netz der Erkundungsarbeiten so dicht zu gestalten, daß eine hohe Kategorie gewährleistet ist. In vielen Fällen wird man mit minder sicheren Kategorien rechnen müssen.

Es wird vorkommen können, daß bei bestimmten Lagerstättentypen für die Gewinnung der Erze ein größerer Unsicherheitsfaktor aus wirtschaftlichen Gründen zweckmäßiger erscheint als eine Erkundung bis in eine hohe Kategorie, so daß es z. B. sinnvoll erscheint, eine Lagerstätte nur bis zur Kategorie C_1 zu erkunden und auf die Erkundung und Festlegung von A-Vorräten überhaupt zu verzichten. Dieser Unsicherheitsfaktor, oder mit anderen Worten das Maß der aufzuwendenden geologischen Untersuchungsarbeiten zur Festlegung einer Kategorie, kann sich sogar auf ein und derselben Lagerstätte ändern, und zwar nicht nur aus geologischen Gründen, wie z. B. in den Randgebieten, sondern auch aus rein wirtschaftlichen Erwägungen. Auf absätzigen Lagerstätten, wie z. B. hochplutonischen Blei-Zink-Gängen, hängt die Festlegung des Maßes der Untersuchungsarbeiten zur Erreichung einer bestimmten Kategorie sehr stark von den Forderungen der Industrie ab, d. h. von der Festlegung der unteren Grenze der Bauwürdigkeit. Werden bei derartigen Lagerstätten hohe Metallgehalte verlangt, dann ist ein außerordentlich dichtes Netz von Erkundungsarbeiten notwendig, um diese Menge in einer hohen Kategorie festzulegen. Geht man aber bei diesem Lagerstättentyp mit dem zulässigen Aufgabegehalt der Aufbereitung um ein Geringes herunter, so wird ein Netz von Untersuchungsarbeiten bestimmten Abstandes, das bei hohen Gehalten eine sehr geringe Wahrscheinlichkeit des Zutreffens der berechneten Voraussagen garantiert, weil reichere Erzpartien auf der Gangfläche sehr absätzig auftreten, bei ärmeren Erzen eine wesentlich große Aussagesicherheit gewährleisten, weil bei diesen die Verteilung der Erzminerale gleichmäßiger ist.

Es erscheint daher sinnvoll, daß grundsätzlich der zweite Weg beschritten und zunächst einmal festgelegt wird, wie groß für die einzelnen Kategorien die Toleranzgrenze sein darf. Es ist zu betonen, daß sich selbstverständlich die Toleranzgrenze auf Mengen und Gehalte zu beziehen hat. Dabei ist ein besonderer Wert darauf zu legen, daß nicht nur die Abweichungen nach unten, sondern auch die Abweichungen nach oben eingehalten werden (mit Ausnahme bei der Kategorie D), um zu verhindern, daß durch eine egoistische Vorsicht oder durch eine Bequemlichkeit der bearbeitenden Geologen die Lagerstätte in eine tiefere Kategorie eingestuft wird als es eigentlich notwendig wäre.

Man kann sich nun darüber streiten, wie groß die zulässige Toleranz in den einzelnen Kategorien sein soll. Auf Grund eigener Erfahrungen möchte Verf. folgende Toleranzen vorschlagen:

für Kategorie A $\pm$ 8%
„ B $\pm$20%
„ C_1 $\pm$30% und
„ C_2 $\pm$50%

Alle Vorratszahlen, einschließlich C_2-Vorräten, sind als industrielle Vorräte zu rechnen, d. h., also in Bilanz- und Außerbilanzvorräte zu unterteilen. Für die perspektivischen Vorräte, also die Vorräte der Klasse D, würde Verf. eine Toleranz von —60% vorschlagen, allerdings mit der Maßgabe, daß es ungewiß ist, ob die auffindbaren Erzvorräte Bilanz- oder Außerbilanzvorräte enthalten. Der Unterschied zwischen C_2- und D-Vorräten mag vielleicht zu gering erscheinen. Er ist es aber nach Ansicht des Verf. nicht, denn bei dem heutigen Stand der Kenntnis der Lagerstättengenese sind wir doch weitgehend in der Lage, Analogieschlüsse zu ziehen, die auch über die Perspektive einer Lagerstätte, sei es nach der Teufe zu oder in einem ganzen Gebiet, Aussagen machen.

Da die Kategorie D weiter den Zweck hat, als Grundlage für Perspektivplanungen zu dienen, so ist es notwendig, daß die angegebenen Vorräte auch einigermaßen begründet erscheinen. Es muß zumindest durch einen Aufschluß, z. B. eine Bohrung, das Vorhandensein des Erzes nachgewiesen sein. Die weiteren Ableitungen auf geologisch-lagerstättengenetischer Grundlage ergeben dann die Vorratsmenge mit der geforderten Genauigkeit. Die Richtigkeit der Ableitungen wäre übrigens auch von der Zentralen Vorratskommission zu überprüfen und zu bestätigen. Die Möglichkeit einer größeren Toleranz der Aussage als die oben angegebenen —60% würden dem Zweck der Kategorie nach Ansicht des Verf. zuwiderlaufen.

Die C_2-Vorräte in den zur Zeit bestehenden Richtlinien der staatlichen Vorratskommission sind so eng begrenzt, daß man auf jeden Fall mit der oben genannten Toleranz die Möglichkeit der Abgrenzung von Bilanzvorräten hat. Die Einordnung in Bilanz- oder Außerbilanzvorräte ist nicht nur von wirtschaftlichen und geologischen Gegebenheiten abhängig, sondern auch in sehr erheblichem Maße von technischen Gegebenheiten, die sich im Laufe der Zeit ändern und die im Moment der Prognose über den Lagerstättenbezirk absolut nicht zu übersehen sind, denn sie hängen nicht allein von den bisher genannten Faktoren ab, sondern auch von der Investitionsmöglichkeit oder von der Investitionsfreudigkeit des Bergbautreibenden. Eine Zuordnung von Vorräten der Kategorie D in eine dieser Gruppen ist daher nicht möglich.

Selbstverständlich gilt die Frage Bilanz- oder Außerbilanzvorräte für alle Kategorien — ebenso für A- wie für C_2-Vorräte —, denn sie wurden entsprechend den für die zur Zeit der Aufstellung der Erzvorratsberechnung herrschenden Anschauungen über den kostenbedingten Minimalgehalt, der gerade noch abgebaut werden kann, in die einzelnen Kategorien eingeteilt. D. h. also, daß z. B. ein A-Vorrat, je nach den wirtschaftlichen Gegebenheiten, zu einem a-Vorrat werden kann und umgekehrt. Das gleiche gilt auch für die anderen Kategorien. Die sich daraus ergebenden Folgen für die Größe der Erzvorräte eines Betriebes sollen jedoch in den nachfolgenden Überlegungen unberücksichtigt bleiben.

Die Dichte des Untersuchungsnetzes ist von tektonischen und geologischen Faktoren abhängig und ist daher auf jeder Lagerstätte verschieden, ja in ein und demselben Lagerstättenbezirk können in einzelnen Teilen ebenfalls Unterschiede auftreten. Es wird also notwendig sein, exakte Zahlen für jeden einzelnen Lagerstättentyp und sogar für jede einzelne Lagerstätte zu ermitteln. Auf Grund der verschiedenen Genese der Lagerstätten wird man zunächst von vornherein ein gewisses Schema angeben können, das Anhalte der Untersuchungsdichte bei verschiedenen Lagerstättentypen geben kann.

Nachstehend sollen diese Verhältnisse für verschiedene Lagerstättentypen erörtert werden:

1. Lagerstättenabsatz aus vorwiegend magmatisch-überkritischen Lösungen

In derartigen Lagerstätten kann die nutzbare Komponente u. U. bis in die hydrothermale Phase durchhalten. Die folgenden Überlegungen gelten also nur für solche Lagerstätten, in denen die hydrothermale Phase eine nur ganz geringe, zu vernachlässigende Rolle spielt. Bei diesem Typ von Lagerstätten ist der Mineralabsatz druckabhängig. Da die Lösungen sehr leicht beweglich sind und durch Intergranulare migrieren können, ist der Gradient des Druckabfalles wesentlich größer als der Gradient des Temperaturabfalles. Derartige Lagerstätten haben also von vornherein eine geringe Teufenerstreckung, die sich bei Zinnerzlagerstätten auf etwa 200—300 m, im Mittel etwa 250 m erstreckt. Da man bei Lagerstätten, die zu Tage ausgehen, nie die obere Begrenzung kennt, weil schwer festzustellen ist, wieviel jeweils der Erosion anheimgefallen ist, muß man also mit einem plötzlichen Auskeilen der Lagerstätte nach der Tiefe zu rechnen, d. h. Untersuchungsarbeiten bergmännischer Art dürfen nicht mit größeren Sohlabständen als etwa 30 m aufgefahren werden.

Bei Wolframlagerstätten findet eine Verminderung des Wolframinhaltes einer derartigen Lagerstätte wesentlich rascher statt als bei einer Zinnlagerstätte, da infolge der geringen Clarke-Zahl des Wolframs die in jedem Pluton zur Verfügung stehende WO_3-Menge geringer ist als die zur Verfügung stehende SnO_2-Menge. Aus diesem Grunde erscheinen ja auch Wolframlagerstätten erst bei sehr späten Graniten. Der Bereich pneumatolytischer Wolframlagerstätten liegt im Gebiet des Erzgebirges etwa bei 100—150 m, selten bei 200 m. Ist ein erheblicher Teil des Wolframits hydrothermalen Ursprungs, dann geht auch die Lagerstätte selbst in ihrer Teufenerstreckung weiter. Bei Wolframlagerstätten ist also die Einhaltung des 30—40 m-Abstandes außerordentlich wichtig. Bei reinen Zinnlagerstätten kann man aus finanziellen Gründen auch 50 m Sohlabstand zur Untersuchung heranziehen, wenn man genau weiß, an welcher Stelle innerhalb des Bildungsbereiches der Lagerstätte die Strecke steht.

Eine Untersuchung durch Bohrungen ist im allgemeinen, wenn eine Bohrung einsetzbar ist, der Untersuchung durch bergmännische Arbeiten wegen der größeren Billigkeit vorzuziehen. Überkritische Spaltenlagerstätten entstammen jedoch Lösungen, die sehr leicht beweglich sind, d. h., es besteht immer die Möglichkeit, ja sogar die Wahrscheinlichkeit einer sehr grobkörnigen Ausscheidung des nutzbaren Minerals. Nun sind die hier in Frage kommenden Minerale, Zinnstein und Wolframit, Erze von recht teuren Metallen, so daß mit bereits geringen Gehalten eine Wirtschaftlichkeit der Gewinnung gegeben ist. Das grobe Korn derartiger Erze bedingt zur exakten Bemusterung eine große Probemenge, zumal der Dichteunterschied zwischen dem Haltigen, also dem Erzmineral, und dem Unhaltigen sehr groß ist. Ein u. U. durchaus noch gewinnbarer Gehalt von 0,4% Sn würde bedingen, daß auf 1 cm^3 Zinnstein rund 1300 cm^3 Gangart kommen. Bei einer Mächtigkeit des Ganges von 10 cm käme bei gleichmäßiger Verteilung ein Zinnsteinkorn von 1 cm^3 auf je 130 cm^2 Gangfläche.

Wollte man eine derartige Lagerstätte durch Bohrungen untersuchen und bemustern, so müßte der Durchmesser des Kernes eine Fläche von mindestens 130 cm^2 haben, d. h. also der Kerndurchmesser müßte etwa 410 mm betragen, unter der Voraussetzung, daß die Erzminerale gleichmäßig im Gang verteilt sind. Da dies ebenfalls nicht der Fall ist, würde eine derartige Dichte des Untersuchungsnetzes durch Bohrungen erforderlich, daß eine Untersuchung von Lagerstätten dieses Types durch Bohrungen teurer würde als durch bergmännische Untersuchungsarbeiten.

Anders liegen die Verhältnisse bei metasomatischen Verdrängungskörpern dieser Erze in Silikatgesteinen, d. h. also bei Greisenkörpern. Bergmännische Arbeiten in unbekanntem Lagerstättenniveau müßten hier auch eine Ausblockung des Greisenkörpers enthalten, sei es durch Streckennetz oder Strecken mit zusätzlichen Bohrungen in 30 m Saigerabstand. Bei bekanntem Lagerstättenniveau kann man auf 50 m Sohlabstand gehen. Im Gegensatz zu den Ganglagerstätten sind aber die Erzminerale dem Greisen wesentlich feinkörniger eingesprengt, und zwar in einer Größenordnung von 200—5 μ. Es ist bei der Untersuchung solcher Lagerstätten zu beachten, daß auch bei einer pneumatolytischen Überprägung die Zuführung des wirtschaftlich wichtigen Minerals, vor allen Dingen bei Zinnstein, einer vorhergegangenen pegmatitischen Metasomatose entstammen kann. Diese Absätze sind durchweg grobkörniger als rein pneumatolytische Absätze und liegen in der Regel an der oberen Grenze der vorgenannten Größenordnung. Bei rein pneumatolytischen Absätzen kommt es sehr häufig vorwiegend zur Bildung von Feinstkorn in der Größenordnung von 30—5 μ. Es ist daher möglich, diese Lagerstätten durch Bohrungen zu untersuchen und exakt zu bemustern. Fächerbohrungen auf einer ausgeblockten Sohle in 30—40 m Abstand, die den Greisenkörper am äußersten Rande, d. h. von dem der Bohrstelle entferntestem Rand, in Abständen von 30 m durchörtern, geben ein sehr gutes und genaues Bild über Form und Inhalt der Lagerstätte.

Bei diesen Lagerstätten ist es jedoch notwendig, den Anteil des technisch nicht gewinnbaren Grobkornes unter 40 μ und den Anteil des gewinnbaren Kornes über 40 μ Durchmesser festzustellen, da — wie schon erwähnt — die Korngröße bis unter 5 μ heruntergehen kann. Zur Beurteilung der Lagerstätte, d. h. zur Einstufung in Bilanz- oder Außerbilanzvorräte, genügt die chemische Analyse nicht. Es wird immer notwendig sein, neben der chemischen Analyse eine sorgf ige mikroskopische Untersuchung, Auszählung der ornklassen, vorzunehmen.

Zur Ermittlung extrapolierter Vorräte ist sowohl bei metasomatischen wie auch bei Spaltenlagerstätten die Frage zu prüfen, ob die Lagerstättenbildung während des Aufstiegs des Plutons oder nach beendetem Aufstieg des Plutons erfolgt ist. Im ersteren Fall — wir kennen aus dem Erzgebirge verschiedentlich Gre isen stöcke und pneumatolytische Zinnerzgänge, in die de Granit bei seinem weiteren Aufstieg eindrang — is selbstverständlich die normale 250 m-Angabe für die Teufenfortsetzung nicht mehr stichhaltig, da bei einem Hochdringen die ursprüngliche Lagerstätte zerstört, ihr Lagerstätteninhalt wieder in den Granit aufgenommen und später bei restloser Erstarrung des Granits wieder abgegeben wurde.

Zur Vorratsermittlung dieser Lagerstättentypen ist die Kenntnis der Granitoberfläche unumgänglich notwendig.

Zusammenfassend ist für pegmatitisch-pneumatolytische Zinnlagerstätten folgendes festzuhalten:

1.1 Spaltenfüllungen

Auffahrungen in 30 m Sohlabstand und Ausblockung auf 30—40 m Länge ergeben günstigstenfalls B-Vorräte. A-Vorräte lassen sich bei derartigen Lagerstätten wegen der Absätzigkeit der Vererzung und der Bemusterungsungenauigkeit infolge des groben Kornes und des hohen Dichteunterschiedes zwischen Erzmineral und Gangart nicht erzielen. Eine Ausblockung von 50 m ergibt günstigstenfalls C_1-Vorräte, weitere Extrapolationen bis zur vermuteten Lagerstättengrenze C_2-Vorräte.

1.2 Metasomatische Verdrängungskörper

1.21 *In silikatischen Gesteinen (Greisen)*

Bei Greisenstöcken lassen sich durch Ausblockung im 30 m-Sohlabstand A-Vorräte ermitteln, durch Bohrfächer in 30—50 m Abstand B- bzw. C_1-Vorräte in den Randgebieten. Extrapolation bis zum möglichen Lagerstättenende ergibt C_2-Vorräte.

1.22 *In Kalken*

Metasomatische Verdrängungskörper aus Restlösungen magmatischer Herkunft in Kalken enthalten in der Regel Magnetitlagerstätten mit Skarnen. Da der Eiseninhalt von Graniten gering ist, ist auch die Entstehung von großen Lagerstätten dieser Art im Kontaktbereich eines granitischen Plutons nicht zu erwarten. Hybride sialische Magmen, die Geosynklinallagerstätten des Eisens überwältigt haben, können zur Bildung von ausgedehnten und großen Kontaktlagerstätten, also kontaktpneumatolytischen Lagerstätten in Kalken führen. Allerdings haben dann die Plutone einen syenitischen Habitus. Derartige Gesteine und Lagerstätten sind aus der Deutschen Demokratischen Republik allerdings nicht bekannt.

Eine Untersuchung solcher Lagerstätten erfolgt am zweckmäßigsten ebenfalls durch Bohrungen. Die Bohrnetze sind auch hier mit 30—50 m Abstand der Durchstoßpunkte der Bohrungen durch die Lagerstätte zu wählen, je nachdem, ob man B- oder C_1-Vorräte, bzw. in den Randgebieten C_2-Vorräte ermitteln will.

Es sei noch bemerkt, daß die Teufenerstreckungsangaben bei pegmatitisch-pneumatolytischen Zinn-Wolframlagerstätten sich auf eine Ebene annähernd parallel zum Kontakt des Granites beziehen, nicht aber auf eine willkürlich gelegte heutige Landoberfläche.

2. Magmatisch-hydrothermale Lagerstätten

Lagerstätten im Gefolge tiefsitzender Plutone sind in der Deutschen Demokratischen Republik nicht bekannt und bei dem allgemein hohen Intrusionsniveau der varistischen Granite, die allein für derartige Bildungen bei uns in Frage kommen, auch nicht zu erwarten.

Außer den später noch einzeln zu behandelnden Typen sei aber einführend noch auf andere Faktoren aufmerksam gemacht, die die Größe der Lagerstätte und damit die Form, Art und das Ausmaß der geologischen Erkundungsarbeit zur Ermittlung von Vorräten in erheblichem Maße beeinflussen können.

Da ist einmal die Art des Transportes des nutzbaren Metalles. Bei ionaren Lösungen ist für den Absatz eines Minerales das Löslichkeitsprodukt entscheidend, d. h. also bei gegebenen pt-Verhältnissen die Konzentration und bei gegebener Konzentration vor allen Dingen die Temperatur. Da die Temperatur innerhalb des Bildungsbereiches wesentlich langsamer fällt als der Druck, hat man bei hydrothermalen Lagerstätten von vornherein mit der Möglichkeit eines weiteren Aushaltens nach der Tiefe zu zu rechnen als bei Lagerstättenabsätzen aus überkritischen Lösungen. Jedoch kann eine Lagerstätte nur so lange gebildet werden, so lange noch eine Metallzufuhr aus dem ererstarrenden Pluton stattfindet, d. h., die Größe der Lagerstättenbildung ist in sehr entscheidendem Maße von den im Lagerstättenzuzugsgebiet abspaltbaren Mengen des Metalles abhängig. Diese Mengen sind nicht von vornherein bekannt. Aus der Erfahrung her wird man ableiten können, daß jüngere Granite in einem magmatischen Gebiet z. B. geringere Mengen an Blei und Zink enthalten als ältere. Man wird also diese Lagerstätten, vor allen Dingen was ihre D-Vorräte anbetrifft und auch die extrapolierten C_2-Vorräte, wesentlich vorsichtiger bewerten müssen wie Lagerstätten, die älteren Graniten entsprechen. Da sich junge Granite vor allen Dingen an Na und SiO_2 anreichern, können si-Zahlen und mit dem damit verbundenen Zurückgehen femischer Elemente auch die fm-Zahlen einen Anhalt für die Höffigkeit eines Plutons für dieses oder jenes Metall sein und dementsprechend auch zur Einschätzung in diesem Gebiet etwa vorhandener oder aufgefundener Lagerstätten dienen. Falls das nutzbare Metall nicht in ionarer Lösung, sondern in Solform transportiert wird, dann werden die Verhältnisse wesentlich unübersichtlicher. Im allgemeinen ist festzustellen, daß bei einem Transport eines nutzbaren Metalles in Solform eine wesentlich größere Menge je Einheit Transportmittel befördert werden kann. Es ist hier also zur Bildung hochprozentiger Erze wesentlich mehr Möglichkeit gegeben, und es kann mit dem Aushalten nach der Tiefe nicht in dem Maße gerechnet werden wie bei rein ionaren Lösungen, da ja das Koagulieren aus dem Sol von anderen Faktoren abhängt als von einer reinen Temperaturerniedrigung. So werden z. B. UO_2-Sole bevorzugt in Schichten koaguliert, die primär Sulfide (also etwa Pyrit) enthalten oder organische Substanz.

Ein weiterer Faktor, der für die Ermittlung von Vorräten auf einer Lagerstätte von sehr entscheidender Bedeutung sein kann, ist die Umlagerung durch spätere Einflüsse auf der Gangspalte selbst. Diese späteren Einflüsse können durch jüngere Nachschübe aus dem gleichen Magmenzyklus, dem die Lagerstätte selbst entstammt, hervorgerufen werden. Mit einer damit verbundenen Aufbeulung der Isothermalflächen können Mobilisationen durch Restlösungen dieses jüngeren Nachschubes erfolgen, die zu einer völlig anderen Verteilung der Erzminerale auf der Lagerstätte führen. Dieser Umstand ist vor allen Dingen bei der Ermittlung prognostischer Vorräte zu beachten. Es besteht aber auch die Möglichkeit, daß durch jüngere simatische Magmen, z. B. des finalen Magmatismus, die in keinerlei Beziehung zu den ursprünglich metall- oder mineralliefernden Magmen stehen, Umlagerungen auf der Lagerstätte erfolgen. Da hier in den meisten Fällen mit einer Zufuhr von Hydrothermen, und sei es auch tauber Thermen, in größerem Maßstab nicht gerechnet werden kann, erfolgt die Umlagerung auf der Gangspalte selbst durch Teillösungen aus dem Standwasser in der Spalte. Bei derartigen Aufwärmungen durch den finalen Magmatismus handelt es sich zumeist um Magmenkörper, deren Größe nicht erheblich ist. Es folgt also eine sehr rasche Aufheizung und eine relativ rasche Abkühlung, die bevorzugt einen Übergang ionarer Lösungen in Sole mit sich bringen kann und damit wieder zu Transporten führen kann, die zunächst einmal völlig unkontrollierbar erscheinen. Diese Lagerstätten sind ganz besonders vorsichtig zu behandeln und zu bewerten.

2.1 Metasomatische Verdrängungskörper

Lagerstätten dieser Art sind zur Zeit in der Deutschen Demokratischen Republik nicht bekannt.

2.2 Spaltenfüllungen

2.21 *Spaltenfüllungen im relativ gut vorgeheizten Gebirge*

2.211 Spaltenfüllungen im relativ gut vorgeheizten Gebirge im Gefolge hochplutonischer oder subvulkanischer Plutone

Das hohe Intrusionsniveau eines Plutons bedingt eine relativ rasche Wärmeabgabe und damit eine relativ schnelle restlose Erstarrung des Intrusivkörpers selbst. Dies bedingt eine erhebliche Wandergeschwindigkeit des Schwundzentrums und damit verbunden eine rasche Spannungsakkumulation im Dach, die bis zur Ausgleichsbewegung keine großen Werte anzunehmen braucht, da das Dach keine übermäßigen Mächtigkeiten besitzt. Man erhält dabei eine sehr häufige Bewegung auf den Spalten bzw. eine sehr starke Abhängigkeit der Spaltenrichtung von Anisotropieerscheinungen im Dach selbst, sofern nicht präexistierende Spalten die Ausgleichsbewegung übernehmen, was bei hohem Intrusionsniveau sehr häufig ist.

Von der Vorratsseite her ergibt sich daraus das Auftreten von relativ kleinen und beschränkten Erzmitteln, die sowohl im Streichen als auch im Fallen nicht erheblich aushalten und mit Vertaubungszonen wechseln. Dabei kann trotzdem die Mineralführung infolge des geringen Temperaturgradienten sehr erhebliche vertikale Beträge erreichen. Ein typisches Beispiel hierfür ist Freiberg.

Eine Untersuchung der Lagerstätte durch bergmännische Arbeiten bedingt für A-Vorräte in tektonisch unruhigen Teilen einen Sohl- und Blockabstand von etwa 40 m, in ruhigeren Teilen von etwa 60 m. Größere Abstände sind nur als B-Vorräte zu bewerten. Bei geologischen Erkundungsarbeiten wird man in der Regel A-Vorräte mit der oben geforderten Toleranz nicht erreichen können. Eine Untersuchung durch Bohrungen erscheint nicht ganz so schwierig wie bei den Zinnlagerstätten. Infolge der höheren Gehalte, die von dem nutzbaren Metall gefordert werden müssen, ist a priori mit einer gleichmäßigeren Verteilung in der Gangmasse zu rechnen, und das bringt die Erfahrung ja auch mit sich. Rechnet man bei 25 cm Gangmächtigkeit mit einem Durchschnittswert von 2,5% Pb, 4% Zn, 13,5% FeS_2 und 80% Quarz in der Gangart, so entspricht dies einem Volumenanteil von 1% PbS, rund 2,3% ZnS, 6,7% FeS_2 und 90% Quarz. Das würde bedeuten, daß in einem Kern von 65 mm Durchmesser etwa 8 cm^3 Bleiglanz, 16 cm^3 Zinkblende oder 54 cm^3 Schwefelkies neben 720 cm^3 Quarz sein müßten. Diese Verteilung wird natürlich nicht in jedem Bohrkern enthalten sein, es kann dies jedoch mit etwa 50% Wahrscheinlichkeit der Fall sein. D. h. mit anderen Worten: Bei einem Bohrnetz, das infolge der Absätzigkeit der Vererzung etwa 40 m Seitenkante haben müßte, ist es möglich, durch Bohrungen C_1-Vorräte zu ermitteln. Voraussetzung ist allerdings eine gute Kerngewinnung in den Bohrungen. Daß eine gute Kerngewinnung in den Bohrungen auch bei sehr schwierigen Gangverhältnissen möglich ist, zeigen die Untersuchungsarbeiten der Volksrepublik Bulgarien in dem Erzgebiet von Madan.

Bei Untersuchungsarbeiten auf Lagerstätten vom Typ Freiberg, die sich auf Lagerstättenteile erstrecken, die infolge des alten Bergbaues in erheblicher Teufe liegen, wird ein 40 m Bohrnetz von über Tage aus ebenso teuer wie bergmännische Untersuchungsarbeiten. Es wird sich bei der Untersuchung derartiger Lagerstätten nicht vermeiden lassen, daß von einer Sohle aus, die mit bergmännischen Untersuchungsarbeiten eingehend erkundet wurde, tiefer gelegene Partien der Lagerstätte durch Bohrungen untersucht werden.

Wichtig ist selbstverständlich bei diesen Lagerstätten die Kenntnis des Horizontes der Lagerstätte selbst, insbesondere bei der Ermittlung von C_2- und D-Vorräten. Da, wie oben erwähnt, bei hydrothermalen Lagerstätten der entscheidende Faktor bei einer gegebenen Konzentration die Temperatur ist, ist die Grenze der Lagerstätte nach der Tiefe zu eine Funktion der Temperatur. Es ist also notwendig, daß für ein entsprechendes Lagerstättengebiet Flächen gleicher Temperatur, also Isothermalflächen, konstruiert werden, ohne daß dabei die absolute Temperatur eine Rolle spielt. Zur Konstruktion derartiger Isothermalflächen und damit zur Lokalisierung des Untersuchungspunktes im lagerstättengenetischen Horizont gibt es verschiedene Möglichkeiten, die sich durchweg auf die Ermittlung der Verteilung von Spurenelementen oder seltenen Elementen beziehen, die in Minerale der wirtschaftlich wichtigen Paragenese eingebaut sind. Welche Elemente und in welchem Maße sie eingebaut werden können, richtet sich wieder nach dem Angebot dieser Elemente. In den erzgebirgischen Gangbezirken, die durchweg reich an Silber und Wismut sind, können Blei-Zinkerze durch den Wismutgehalt des Bleiglanzes bzw. durch den Zinngehalt oder Indium- oder Kobaltgehalt der Zinkblende horizontiert werden.

In anderen Lagerstättenbezirken, in denen derartige Metalle nur in geringen Mengen oder nur in äußersten Spuren vorkommen, ist das selbstverständlich nicht möglich. Im Ramberggranit z. B. ist eine Wismuthorizontierung von Bleiglanzen einmal wegen der Bleiarmut im gesamten Lagerstättenbezirk nicht möglich und zum anderen wegen der Wismutarmut. Dagegen bietet der Strontium-, Blei- und Zinngehalt der Flußspäte eine gute Möglichkeit zur Horizontierung, möglicherweise auch der Gehalt an Antimon im Blei. Für das letztere Problem liegen allerdings noch keine exakten Untersuchungsergebnisse vor, wie sie für die erstgenannten Spurenelemente im Flußspat bestehen.

Da die untere Grenze einer Lagerstätte, wie oben angedeutet, sehr wesentlich von der Konzentration abhängig ist, wird sich das Ergebnis, das in einem Lagerstättenbezirk erzielt worden ist, nicht auf einen anderen Bezirk übertragen lassen. Dazu kommt noch, daß die Größe der Lagerstätte selbstverständlich vom Metallangebot und in sehr erheblichem Maße von der Möglichkeit des Absatzes, d. h. von der Dachtektonik des Plutons abhängig ist. Daher wird es notwendig sein, bei Untersuchungsarbeiten, sei es bergmännisch oder durch Bohrungen, die Proben nicht nur auf das wirtschaftlich wichtige Metall zu untersuchen, sondern auf temperaturabhängige Spurenelemente. Ferner ist es nötig, daß die Spaltentektonik, von der ja der Öffnungsmechanismus der Mineralabsatzräume in sehr starkem Maße abhängt, ebenfalls genau untersucht wird.

2.212 Spaltenfüllungen im relativ gut vorgeheizten Gebirge im Gefolge tiefsitzender Plutone

Solche Lagerstätten sind zur Zeit in der Deutschen Demokratischen Republik nicht bekannt.

2.22 *Spaltenfüllungen im nicht vorgeheizten Gebirge*

2.221 Spaltenfüllungen im nicht vorgeheizten Gebirge im Gefolge hochplutonischer oder subvulkanischer Plutone

Bezüglich der Spaltentektonik liegen hier die gleichen Verhältnisse vor wie bei 2.211.

Die Anisotropie des Gebirges hat einen beträchtlichen Einfluß, die einzelnen Erzmittel sind nur kurz. Da das Temperaturgefälle wesentlich stärker ist, werden aushaltende Erzmittel nur von solchen Mineralkomponenten zu erwarten sein, die einmal ein großes Löslichkeitsintervall besitzen, zum anderen im Pluton und damit auch in seinen Restlösungen reichlich vorhanden sind. Die Größe des Plutons ist von sehr erheblicher Bedeutung, selbstverständlich auch in einem Gebiet von verschiedenaltrigen Intrusivkörpern das Alter des Plutons.

Die für die einzelnen Kategorien notwendigen Untersuchungsdichten sind die gleichen wie bei 2.211. Lediglich für die Ermittlung von extrapolierten Vorräten, also C_2- und perspektivischen Vorräten, ist der steile Temperaturgradient und die Größe des Plutons in Rechnung zu stellen. Beim Ramberggranit z. B. wäre zu beachten, daß der Pluton nördlich des Biwender Gangzuges nur einen geringen Durchmesser hat und daß daher die Zuzugsgebiete der Erzgänge hier nur klein sind und daher auch mit großen Erzmengen in der Perspektive nicht gerechnet werden kann.

2.222 Spaltenfüllungen im nicht vorgeheizten Gebirge im Gefolge tiefsitzender Plutone

Derartige Lagerstätten sind in der Deutschen Demokratischen Republik zur Zeit nicht bekannt.

3. Magmatische Lagerstätten des Geosynklinalraumes

3.1 Exhalativ-sedimentäre Lagerstätten mit Sedimentation in unmittelbarer Nähe der Exhalationsstelle

Bei derartigen Erzvorkommen handelt es sich in der Regel um Lagerstätten vom Lahn-Dill-Typ. Die Form, Größe und Ausdehnung der einzelnen Erzkörper hängt von den jeweils vorhandenen Mengen ab. Prognosen lassen sich hier auf keinen Fall stellen. Da der Exhalationsmechanismus auf Grund der lagerstättengenetischen Gegebenheiten — keine Verfestigung des Untergrundes — immer periodisch verlaufen muß, sind die Lagerstätten stets gebändert, wobei diese von der sehr engen Bänderung bei Eisenjaspiliten bis zu Bänderungen im Dezimeter-Bereich bei den kalkigen Lahn-Dill-Erzen der varistischen Geosynklinale schwanken kann.

Die Untersuchung kann durch Bohrungen erfolgen, da mit einem Bohrkern eine genügende großstatistische Verteilung der einzelnen Erzminerale erfaßt werden kann. Es ist nur notwendig, daß bei der Bohrung auch auf die Bänderung Rücksicht genommen wird. Besonders wichtig ist dies bei bergmännischen Auffahrungen, bei denen durch Querschläge zur Bemusterung stets das Liegende und das Hangende entblößt werden müßte. Die Bemusterung einer Strecke, deren Höhe oder Breite kleiner ist als die Mächtigkeit des Erzkörpers, vermag diesen nicht in höhere Kategorien einzureihen, ja nicht einmal bis zu C_1-Vorräten. Das gleiche gilt bei gut durchgeführter Sohlenbemusterung für die Überhauen.

Da diese Lagerstätten im Geosynklinalraum gebildet wurden, sind sie stets durch die Orogenese mehr oder minder in Mitleidenschaft gezogen, und zwar entweder durch Verfaltung oder Verschuppung bzw. durch Querbrüche oder beides. Um Kategorien von A- oder B-Vorräten zu erreichen, ist neben einem Bohrnetz von etwa 50 m Abstand auf jeden Fall eine Untersuchung der Tektonik, vor allen Dingen der Kleintektonik, durch bergmännische Arbeiten notwendig. Ohne derartige Untersuchungen sind nur C_1- bis C_2-Vorräte zu ermitteln.

Bezüglich der Qualität und der Verwendbarkeit der Erze ist zu beobachten, daß auch bei diesem Lagerstättentyp die Sedimentation in Randgebieten und auch Zentralteilen in einem Milieu mit geringerem Redoxpotential stattfinden kann. In diesem Fall wird also je nach den Verhältnissen entweder der Sideritgehalt ansteigen oder aber der Magnetit- bzw. Eisensilikatgehalt, wenn gleichzeitig größere Mengen von SiO_2 exhaliert werden. Eine eingehende Untersuchung durch Bohrungen ist immer notwendig. Über eine Extrapolation kann man a priori keine Aussagen machen, da die Grenzen des Lagerstättenkörpers einmal von der Form des Sedimentationsraumes und zum anderen von der exhalierten Stoffmenge abhängig sind. Man kann also bei diesem Lagerstättentyp mit der notwendigen Wahrscheinlichkeit (50%) durch Extrapolation keine C_2-Vorräte ableiten. Es ist hier bei der Berechnung von C_2-Vorräten notwendig, daß diese durch ein weitmaschiges Netz in 100—200 m Abstand ebenfalls nachgewiesen werden. Die Ermittlung von perspektivischen Vorräten in einem solchen Gebiet ist außerordentlich schwierig und nur dann möglich, wenn das Gebiet durch bergmännische Arbeiten, Bohrungen und geologische Studien, insbesondere paläogeographischer Art, genau genug bekannt ist. In der Regel treten derartige Lagerstätten in einem verhältnismäßig begrenzten stratigraphischen Horizont auf. Nur in vereinzelten Fällen bei besonders starker Absenkung des Geosynklinalraumes, wie dies z. B. im Lahn-Dill-Gebiet der Fall ist, kann sich die Lagerstättenbildung über längere Zeiten erstrecken; in diesem Gebiet z. B. vom obersten Mitteldevon bis zum Beginn des Kulm. In der Regel wird dies jedoch nicht der Fall sein. Das ist zur Bestimmung von D-Vorräten wichtig.

3.2 Exhalativ-sedimentäre Lagerstätten mit Sedimentation nach längerem Strömungstransport

Bei der Exhalation von $FeCl_3$-reichen Lösungen im Anschluß an einen initialen Magmatismus ist es möglich, daß die Umsetzungsprodukte, die sich im Wasser bilden, abtransportiert werden und sich weit vom Sedimentationsort ablagern können. Die Erze selbst können Hämatite sein. Dies ist meist in kalkiger Umgebung der Fall. Bei der Sedimentation in etwas tieferen Lagen in einem reduzierenden Milieu können Sideriterze oder Chamosit-Thuringiterze auftreten. Die letzteren können beim Vorhandensein von größeren Strömungsgeschwindigkeiten wiederum einen oolithischen Charakter haben. Je größer diese Strömungsgeschwindigkeit ist, desto gröber wird der Oolith und um so mehr wird die Lagerstätte an solche Orte des Strömungsbettes geknüpft sein, an denen die Wassergeschwindigkeit verringert erscheint. Über Form und Größe der einzelnen Lagerstättenteile lassen sich von vornherein keinerlei Aussagen machen, weil die obengenannten bestimmenden Faktoren heute nicht mehr übersehbar sind. Diese Lagerstätten können sowohl küstennah wie küstenfern sein, liegen jedoch stets in tieferem Wasser innerhalb pelitischer, zum Teil auch kieselig-psammitischer Sedimente, wenn sie in Gebieten stärkerer Strömung abgesetzt wurden. Für das Maß und die Art der Untersuchungsarbeiten gilt das zu 3.1 Gesagte.

3.3 Exhalativ-hydrothermal-sedimentäre Lagerstätten von Sulfiden

Es handelt sich hierbei also um Lagerstätten vom Typ Rammelsberg-Meggen. Diese Lagerstätten sind zwar aus dem Gebiet der Deutschen Demokratischen Republik noch nicht bekannt, es ist jedoch durchaus möglich, daß sie auch hier auftreten.

Die Form und Größe der Lagerstätte hängt hier wieder fast ausschließlich von der Lieferung von Sulfiden durch die submarinen Hydrothermen ab. Die Ergiebigkeit und Fließdauer dieser richtet sich einmal nach der Größe des simatischen Intrusionskörpers und zum anderen nach der Menge der assimilierten Substanz von Lagerstätten der Subsalinarfazies, also entweder sedimentären Lagerstätten des Schwefelkreislaufes oder von Gips- oder Anhydritanreicherungen. Diese Lagerstätten sind wegen der Notwendigkeit der Assimilation dieser Stoffe in der Regel an die Randgebiete eugeosynklinaler Räume geknüpft. Da ihre Größe und Ausbildung von völlig unübersehbaren Faktoren abhängig ist, ist eine Untersuchung der Lagerstätte durch ein weitmaschiges Netz (100—200 m Abstand) für C_2-Vorräte und ein Abstand von etwa 50—75 m für C_1-Vorräte notwendig. Durch Extrapolation lassen sich keine Lagerstättenvorräte mit der notwendigen Genauigkeit ermitteln, da die randliche Begrenzung außerordentlich scharf sein kann.

Für diesen Lagerstättentyp lassen sich im Gebiet der Deutschen Demokratischen Republik prognostische Vorräte nicht angeben, obwohl auch der N-Rand des Schleizer Troges für solche Lagerstätten möglich wäre, da erfahrungsgemäß im Gebiet der varistischen Geosynklinale (siehe Meggen und Rammelsberg) die Lagerstätten am N-Rande des eugeosynklinalen Raumes liegen.

In Sonderfällen können Schwefelkieslagerstätten durch Sulfidmobilisation des Eisens aus simatischen Lagerstätten durch Hydrothermen in solchen Gebieten entstehen, in denen die Austrittsräume durch eine kurz vorher erfolgte Sedimentation von pelitischen oder chemischen Sedimenten bzw. durch extrusive Ergüsse keratophyrischer Gesteine bedeckt worden sind. In diesem Fall findet eine Verdrängung des Silikatgesteins statt (etwa Rio Tinto oder auch bei Elbingerode/Harz). Die Verdrängungskörper sind ohne weiteres durch Bohrungen zu bemustern und zu klassifizieren. Da hier praktisch die gleichen Unsicherheitsfaktoren zur Ermittlung extrapolierter Vorräte auftreten wie bei den oben genannten Lagerstätten, sind auch die Möglichkeiten zur Ermittlung von C_2- und D-Vorräten die gleichen.

4. Sedimentäre Lagerstätten des Schwefelkreislaufes mit Zufuhr der Schwermetalle durch Verwitterungslösungen

4.1 Absätze in ausgesprochenen Flachmeeren (Meerestiefe < 50—100 m), Typ Kupferschiefer

Die Verteilung der Metalle ist in ganz ausgesprochen scharfem Maße von den Zufuhren abhängig. Da die Zufuhrlösungen Frischwasser mit einem hohen Sauerstoffgehalt darstellen und infolge der geringen Meerestiefe eine Diffusion des zugeführten Sauerstoffes bis auf den Meeresboden stattfinden kann, ist die Abhängigkeit der Metallführung und Metallverteilung von den Zuführungszonen sehr groß. Da die Erzminerale in diesen Lagerstätten, die sehr großflächig ausgebildet sind, nur einen sehr geringen Korndurchmesser haben, ist eine Bemusterung durch Bohrungen stets möglich. Voraussetzung hierfür ist allerdings ein gutes Kernausbringen. Wenn auch der Wechsel des Vererzungscharakters von der Lage der Zuflußkanäle abhängig ist, so ist er doch nicht so schroff wie bei hydrothermalen Ganglagerstätten. Ein Bohrnetz von 1 km Seitenkante, wie es aus wirtschaftlichen Gründen bei tiefliegenden Lagerstätten dieser Art notwendig erscheint, wird aber nur zu Vorräten niederer Klassen führen, und zwar zu C_1-Vorräten, bzw. wenn die Lage des Zuflußkanales und die Verbreitung der von ihm hervorgerufenen Oxydationsgebiete unbekannt sind, sogar nur zu C_2-Vorräten. Für B-Vorräte wird wohl ein Block von rund 500 m Seitenkante einen genügenden Aufschluß ergeben. Extrapolationen für C_2-Vorräte richten sich nach den paläogeographischen Verhältnissen und müssen stets durch vereinzelte Bohrungen begründet sein. D-Vorräte lassen sich bei guter Kenntnis des Lagerstättengebietes abschätzen, jedoch nicht, wenn das Lagerstättengebiet nur durch ganz wenige Bohrungen bekannt ist.

4.2 Absätze aus tieferen Meeresteilen (Meerestiefe > 100 m)

Die Verhältnisse liegen prinzipiell ähnlich wie bei Gebieten, die ausgesprochene Flachmeerbildungen darstellen, nur ist die Metallverteilung nicht mehr von der Lage der Zuflußzonen im engeren Maße abhängig, weil die große Meerestiefe eine Diffusion des Sauerstoffes nach der Tiefe zu nicht gegeben erscheinen läßt, da der eindiffundierende Sauerstoff zwischen dem Zuflußstrom und dem Meeresboden von Mikrolebewesen verbraucht werden kann. Die Metallverteilung ist gleichmäßiger. Sie ist jedoch vertikal gegliedert, und zwar zuunterst Kupfer und darüber Blei-Zinkerz, da bei einer bestimmten Verdunstungshöhe die Konzentration infolge der größeren Wassermenge langsamer ansteigt. Die Gehalte derartiger Lagerstättenteile können bei sehr großer Mächtigkeit u. U. sehr gering werden, vor allen Dingen dann, wenn in den betreffenden Meeresteilen in häufigeren Folgen Aussüßungen stattfinden. Es kann dann vorkommen, daß die Erzführung auf größere Erstreckung keine bauwürdigen Gehalte aufweist. Dieser Lagerstättentyp ist aus mechanischen Gründen eng an eine beginnende Salinarfazies, d. h. an sehr hohe Salzgehalte der Meeresteile gebunden. Bei intensiver Zufuhr von Schwermetallkationen und sehr starker Einengung des Meeresraumes können hier in einzelnen Wannen fast kompakte Sulfidablagerungen entstehen. Derartige Lagerstätten sind in der Deutschen Demokratischen Republik nicht bekannt, treten jedoch in anderen Gebieten auf. Die Untersuchung dieser Lagerstätten durch Bohrungen ist genauso möglich, nur ist hier ein Bohrnetz von 1 km Seitenlänge zur Ermittlung von C_1-Vorräten nicht möglich, weil die einzelnen Vertiefungen, die starke Anreicherungszonen am Meeresboden darstellen, in der Regel flach rinnenförmige Vertiefungen sind, wie sie mit den unter 3.2 beschriebenen Geosynklinallagerstätten in der Form übereinstimmen. Das bei diesen Lagerstätten für ein Bohrprogramm Gesagte ist also im Grundsatz auch hier anzuwenden. Da allerdings derartige Lagerstätten in der Regel tektonisch nicht sehr stark in Anspruch genommen sind, sind bergmännische Auffahrungen zur Klärung einer Bruchtektonik im kleinen nicht notwendig. Bei einer stärkeren tektonischen Inanspruchnahme würde eine Mobilisation stattfinden. Dieser Typ wird im nächsten Abschnitt behandelt.

In allen Fällen wird sich die Vertikalgliederung in Kupfer und Blei-Zink stets bemerkbar machen. Diese Vertikalgliederung ist nicht so zu verstehen, daß ausschließlich Kupfer bzw. ausschließlich Blei sedimentiert wurde, sondern es handelt sich lediglich um die Vorherrschaft der einzelnen Metalle innerhalb eines Lagerstättenhorizontes. Die vorwiegend kupferführenden Lagerstättenhorizonte werden stets auch Blei-Zink führen und vorwiegend blei-zinkführende Horizonte auch Kupfer.

5. Tektonisch-mobilisierte Sulfidlagerstätten

5.1 Mit Mobilisationswegen > 100 m
5.2 Mit Mobilisationswegen < 100 m

Bei hydrothermalen Ganglagerstätten wird eine nachträgliche Beanspruchung des Gebirges durch eine jüngere Tektonik vorwiegend die schon vorhandenen Spalten aufreißen. Nur in seltenen Fällen bei leicht mobilisierbaren Erzen, z. B. Uranerzen, werden neue, aber meist den ursprünglichen Spalten unmittelbar benachbarte Spalten mit mobilisierten Erzen ausgefüllt werden. Sonst wird also eine nachträgliche Erwärmung durch Tektonik eine Umlagerung der Lagerstättensubstanz auf denselben Gangspalten hervorrufen. An der Ermittlungsgröße höherer Kategorien wird dabei grundsätzlich nichts geändert. Lediglich bei der Ermittlung von extrapolierten Vorräten, also C_2- und D-Vorräten, ist sehr eingehend die Frage zu prüfen, inwieweit ein nachträgliches Hochschieben von Lagerstättenanteilen, die in größerer Tiefe angestanden haben, nach oben stattgefunden hat, wie dies anscheinend im Gebiet von Bad Grund der Fall ist oder für gewisse Erze auch auf der Neudorfer Gangspalte (z. B. Eisenspat).

Bei sedimentären Lagerstätten des Schwefelkreislaufes bewirkt die tektonische Beanspruchung des Gebirges meist Spaltenbildungen, die etwa senkrecht zur ursprünglichen Sedimentationsschichtung der Lagerstätte liegen. Hierbei kann der Lagerstättenvorrat völlig umgelagert werden. In extremen Fällen treten Wanderungen in einem mehrere hundert Meter großen Bereich auf. Es ist dann, vor allen Dingen bei kalkigem Nebengestein, auch durch eine 50 m Ausblockung von umgelagerten Spaltenfüllungen nicht damit zu rechnen, daß die Toleranzgrenzen für A- und B-Vorräte in jedem Fall erreicht werden. Die hier ermittelten Vorräte werden günstigstenfalls als C_1-Vorräte zu bestimmen sein. Bei Mobilisationen im engeren Maße, bei Wanderungen im Meter-Bereich, wird sich die sekundäre Lagerstätte im Bereich der primären Lagerstätte bilden. Die Intensität der Vererzung, die bei der primären Lagerstätte in der Regel gleichmäßig ist, kann hier außerordentlich stark verschoben werden. Eine Untersuchung eines derartigen Lagerstättentyps durch Bohrungen im Abstand von 100 m bei größeren Lagerstätten erscheint möglich, jedoch sind die ermittelten Vorräte nur als C_1-Vorräte zu bewerten.

Es ist bezüglich der Ermittlung der Gehalte darauf zu achten, daß die Bohrungen möglichst senkrecht zu der neuen Spaltenrichtung verlaufen, in die die Vererzung eingewandert ist, um extrem günstige Werte im Bohrkern zu vermeiden. Ist dies nicht der Fall, entweder aus technischen Gründen bei der Bohrung oder weil man die Spaltenrichtung nicht festgestellt hat, dann können die Vorräte höchstens als C_2-Vorräte bewertet werden, auch wenn das Bohrnetz einen Abstand von nur 100 m besitzt. Sind die Durchschnittsgehalte in den einzelnen Bohrungen sehr ungleichmäßig, dann ist mit Parallelverlauf der Bohrung und den ausgefüllten Spalten mit Spitzengehalten zu rechnen, und solche sind für die Bewertung der Lagerstätte auszuschließen. Es ist möglich, daß durch diese Ausschaltung der Abstand der Bohrungen sich in einzelnen Gebieten stark vergrößert. Diese sind dann sinngemäß als C_2-Vorräte aufzuführen. D-Vorräte lassen sich für derartige Lagerstätten nur bei sehr genauer Kenntnis des Ausmaßes und der Art der Gebirgsbewegung ableiten. Extrapolationen von C_2-Vorräten erscheinen nicht möglich. Lagerstätten dieser Art sind im Gebiet der Deutschen Demokratischen Republik noch nicht genau bekannt. Sie erscheinen im Unteren Zechstein in der Kupfermergelfazies überall dort möglich, wo der präsalinare Untergrund postsalinar einer stärkeren tektonischen Verformung ausgesetzt worden ist.

6. Metamorphe Lagerstätten

Lagerstätten dieser Art sind im wesentlichen Ausmaß nicht bekannt. Zu erwarten wären in Gebieten von kristallinen Schiefern, vor allen Dingen in prävaristischen Schollen, metamorphe Lagerstätten vom Lahn-Dill-Typ. Als Verbreitungsgebiet käme das Erzgebirge in Frage. Im Gebiet der Katharinaberger Kuppel in der ČSR sind derartige Lagerstätten aufgefunden worden.

Kontaktmetamorphe Seifenlagerstätten ohne wirtschaftliche Bedeutung sind lediglich vom Thüringer Wald bekannt.

Metamorphe Lagerstätten stellen auch unsere Kalilagerstätten dar. Primär sind sie physiko-chemische Ablagerungen, die durch Metamorphoselaugen eine Stoffumwandlung erfuhren. Diese Stoffumwandlung besteht im wesentlichen in der Umwandlung des primären Carnallitlagers in Hartsalze. Die für diese Umwandlung erforderlichen Laugen sind nach dem heutigen Stand der Erkenntnisse auf die Wasserabgabe des primären Gipses bei seiner Umwandlung in Anhydrit zurückzuführen. Dabei wird am Durchstoßpunkt der aufsteigenden Laugen zunächst eine völlige Auslaugung des Kalisalzflözes in bezug auf den Carnallit eintreten, da die aufsteigende Lauge wohl mit $CaSO_4$ und NaCl, nicht aber mit $MgCl_2$ und KCl gesättigt ist. Wir erhalten also eine Vertaubungszone, an die sich dann randlich die Hartsalzzone anschließt, also die durch teilweise Auslaugung des Carnallits gebildete Zone. Theoretisch müßte sich also die Vertaubungszone mit ihrer randlichen Hartsalzzone etwa über den Scheitelpunkten von Aufwölbungen des präsalinaren Untergrundes zur Zeit der Metamorphose befinden. Ein heutiger Aufwölbungspunkt braucht jedoch infolge späterer Tektonik des präsalinaren Untergrundes nicht mehr mit einer Aufwölbung zur Zeit der Salzmetamorphose zusammenzufallen. Abgesehen davon besteht aber überhaupt eine große Schwierigkeit der Ermittlung von Aufwölbungsgebieten darin, daß sich das Salz sehr ungünstig für die Durchdringung mit seismischen Wellen verhält. Eine Parallelität der Tektonik der postsalinaren Ablagerungen vom Untergrund des Salinars ist infolge der Plastizität des unterlagernden Steinsalzes in keinem Falle gegeben. Wenn es augenblicklich auch außerordentlich schwer ist, die Form des präsalinaren Untergrundes durch geophysikalische Mittel abzutasten, so ist doch andererseits für die Möglichkeit der Auffindung weiterer Gebiete mit Hartsalzen eine Kenntnis seines Reliefs von ausschlaggebender Wichtigkeit. Es erscheint daher, trotz der ganz zweifellos enormen Kalisalzvorräte, die wir in der Deutschen Demokratischen Republik besitzen, zur Zeit unmöglich, D-Vorräte für Hartsalze anzugeben.

Im einzelnen ist für die Einstufung der Salze in A-, B- und C-Vorräte auf das in der Instruktion der Zentralen Vorratskommission für die Kalisalze Gesagte zu verweisen, dem grundsätzlich zugestimmt werden kann.

7. Seifenlagerstätten

7.1 Eluviale Seifen

Diese Lagerstätten treten als Verwitterungsprodukte von Scheitelgebieten zinnerzführender junger Granitstöcke im Erzgebirge auf. Das grobe Blockwerk machte eine Untersuchung durch Bohrungen unmöglich. Es ist notwendig, die Seife durch Schurfschächte im Abstand von 20 m zu untersuchen. Eine solche Untersuchung würde A- bzw. B-Vorräte ergeben, eine Untersuchung in größerem Abstand (40 m) C_1-Vorräte. C_2- und D-Vorräte können nicht gegeben werden. Bei diesen Untersuchungen ist es notwendig, die Proben nicht nur zu analysieren, sondern auch die Verwachsungsverhältnisse zu überprüfen, d. h. den Anteil des freien Zinnsteinkornes und des verwachsenen Zinnsteinkornes durch Waschversuche für jede Probe einzeln zu bestimmen.

7.2 Fluviatile Seifen

Fluviatile Seifen, die unter heutigen Verhältnissen wirtschaftlich gewinnbar wären, sind zwar, was Zinn-

Lagerstättentyp	Kategorie A ± 8% Auffahrung m Abstand	Kategorie A ± 8% Bohrung m Abstand	Kategorie B ± 20% Auffahrung m Abstand	Kategorie B ± 20% Bohrung m Abstand	Kategorie C_1 ± 30% Auffahrung m Abstand	Kategorie C_1 ± 30% Bohrung m Abstand	Kategorie C_2 ± 50% Auffahrung m Abstand	Kategorie C_2 ± 50% Bohrung m Abstand	Kategorie D – 60% Auffahrung m Abstand	Kategorie D – 60% Bohrung m Abstand
1.1	–	–	30–40	–	50	–	extrapoliert		–	–
1.21	30	–	40–50	30–50	60	50	extrapoliert		–	100
					einschl.	Ränder			geol.	extrapoliert
1.22	50	–	70	30	70	50	Randgebiete		–	300
					einschl.	Ränder			geol.	extrapoliert
2.1	In der Deutschen Demokratischen Republik zur Zeit nicht bekannt									
2.211	40–60	10	60–80	30	60–80	40	–	80–100	–	300
							extrapoliert		extrapoliert	
2.212	In der Deutschen Demokratischen Republik zur Zeit nicht bekannt									
2.221	40–60	10	60–80	30	60–80	40	–	60–80	–	300
					1–2 Seiten		extrapoliert		extrapoliert	
2.222	In der Deutschen Demokratischen Republik zur Zeit nicht bekannt									
3.1	50	40	50–60	50	50–60	80	–	200	–	–
					1–2 Seiten		ev. extrapoliert		ev. geol. extrapoliert	
3.2	50	40	50–60	50	50–60	80	–	200	–	–
					1–2 Seiten		ev. extrapoliert		ev. geol. extrapoliert	
3.3	50	40	50–60	50	50–60	50–75	–	100–200	–	300
					1–2 Seiten					
4.1	200	100	500	200	1000	500–1000	extrapol.	1000–2000	–	10000
									extrapoliert	
4.2	80–200	30–100	100–500	50–200	600–1000	400–600	ev. extrapol.	500–800	–	5000
									extrapoliert	
5.1	–	–	30	20	50	40	70	80	–	500
										extrapol.
5.2	–	–	50	30	100	80	300	500	–	800
										extrapol.
6.	In der Deutschen Demokratischen Republik zur Zeit nicht bekannt									
7.1	10–20	–	20–30	–	40	–	–	–	–	–
7.2	In der Deutschen Demokratischen Republik zur Zeit nicht bekannt									
7.3	–	–	–	10	–	20	–	30	–	–
7.41	In der Deutschen Demokratischen Republik zur Zeit nicht bekannt									
7.42	200	100	300	200	500	400	600	500	–	1000
										extrapol.
8.	200	100	500	200	1000	500–1000	–	1000–2000	–	5000–10000
							extrapol.			extrapol.

seifen anbetrifft, im Erzgebirge mehrfach von den Alten abgebaut worden. Neue Lagerstätten dieser Art sind jedoch nicht bekannt und auch nicht mehr zu erwarten.

7.3 Meeresseifen

Da Meeresseifen rezenter Art ihre Form, Größe und Lage dauernd verändern können, ist eine Vorratsermittlung außerordentlich schwierig. Eine Untersuchung kann durch Bohrungen geschehen. Da aber die einzelnen Lagen der Strandseifen außerordentlich wechselnde Gehalte besitzen können, ist es auch bei einem Bohrnetzabstand von 20 m unwahrscheinlich, daß eine Toleranz erreicht wird, wie sie für A-Vorräte gefordert wurde. Man kann also je nach den Verhältnissen die Vorräte nur als B- oder C_1-Vorräte einstufen. Extrapolationen in einem engeren Gebiet erscheinen nicht möglich. Sie können anhand einer großen Zahl von Bohrungen nur weiträumig durchgeführt werden. Die Ermittlung von C_2-Vorräten ist sehr problematisch und auch die von D-Vorräten anhand weitmaschiger Bohrungen zwar einfacher, erfordert aber die Berücksichtigung sehr verschiedener Faktoren, z. B. Meeresströmungen, klimatische Verhältnisse usw.

7.4 Transgressionsseifen (Trümmerlagerstätten)

7.41 *Normale Transgressionsseifen*

Derartige Lagerstätten sind in der Deutschen Demokratischen Republik und in der Bundesrepublik nicht vorhanden. Es handelt sich hier um sehr großflächige Lagerstätten, die an einen Transgressionshorizont, evtl. auch an mehrere Horizonte übereinander, gebunden sind. Die Vererzung kann gehaltsmäßig gleichmäßig sein, wenn es sich um gröbere geröllartige Auswaschungen handelt. Mächtigkeitsschwankungen durch Ausfüllung von Bodenrinnen durch das schwere ausgewaschene Metall können in relativ kurzem Abstand auftreten. Daher sind weitmaschige Bohrnetze nicht geeignet, Vorräte höherer Kategorien zu ermitteln. Auch Brandungswälle können u. U. Anreicherungszonen des nutzbaren Metalles sein, so z. B. für Gold und Uran beim Witwatersrand.

7.42 *Transgressionsseifen (Trümmerlagerstätten) in Verbindung mit Salzstockaufstieg*

Die Aufwölbung der Schichten beim Aufstieg eines Salzstockes gibt während und nach der Transgressionsperiode die Möglichkeit, die aufgewölbten Schichten aufzuarbeiten. Die Schüttungsrichtungen der Gerölle liegen daher von der Salzaufwölbung meerwärts und umgrenzen kranzartig die Aufwölbungszüge. Die Lagerstätten sind relativ gleichmäßig. Auch hier können allerdings Bodenrinnen durch das aufgearbeitete Material bevorzugt ausgefüllt werden, wodurch Mächtigkeitsschwankungen auftreten können. Hohe Kategorien (A- und B-Vorräte) sind daher durch weitgespannte Bohrnetze nicht zu erzielen. Da der Salzstockaufstieg atektonisch weiterläuft, ist es möglich, daß eine Lagerstätte mehrfach aufgearbeitet wird. Diese aufgearbeiteten und umgelagerten Lagerstätten, deren Korn feiner wird und bei denen im allgemeinen der SiO_2-Gehalt wegen der Vermischung mit Tonsubstanz stärker ansteigt, sind weiter meerwärts von der Aufwölbung zu erwarten. Großflächige Extrapolationen lassen sich nicht durchführen, da die Lagerstätten nur an den Rand der Aufwölbungsgebiete gebunden sind. Bei der Ermittlung von D-Vorräten ist der Paläogeographie weitgehende Beachtung zu schenken.

8. Küstennahe marin-sedimentäre Brauneisenoolith-Lagerstätten

Es sind dies sehr ausgedehnte Lagerstätten im Schelfmeer. Die Eisenzufuhr erfolgt durch Verwitterungslösungen vom Festland.

Den Bildungsbedingungen entsprechend sind Gehaltsschwankungen zwar vorhanden, die Übergänge jedoch fließend. Als marin-sedimentäre Lagerstätten fehlt ihnen ein Phosphorgehalt nie. Es ist wichtig, daß die Verteilung der Phosphorgehalte, außer der Verteilung des Eisengehaltes, bei der Untersuchung genau festgehalten wird. Ferner sind die Gehalte an Erdalkalien der manchmal sehr kieselsäurereichen Erze in ihrer Verteilung im Bildungsraum der Lagerstätte genau zu verfolgen. Wegen der relativ gleichmäßigen Sedimentationsbedingungen dieser Lagerstätten, die erst etwa vom Jura ab möglich sind und in Zeiten der orogenetischen Umwälzungen nicht gebildet werden können, ergibt ein weitmaschiges Untersuchungsnetz schon hohe Kategorien. Ein Bohrnetz von 100 m Seitenkante dürfte für A-Vorräte ausreichen. Die Vererzung durch Oolithe ist gleichmäßig, so daß eine Bemusterung durch Bohrungen ohne weiteres möglich ist. Etwa vorhandene sideritische bzw. glaukonitische Vererzung, seltener auch Magnetitführung, ist so feinkörnig, daß sie auf die Bemusterung durch Bohrungen keinen Einfluß hat.

In der beiliegenden Tabelle sind die Ergebnisse der vorstehenden Überlegungen zusammengefaßt. Es sind die einzelnen Lagerstättentypen, die zu ermittelnden Kategorien und die Ausmaße von Untersuchungsarbeiten, die hierzu notwendig sind, eingetragen.

Literatur

Klassifikation der Lagerstättenvorräte fester mineralischer Rohstoffe. — Z. angew. Geol., Bd. 2, 1956, H. 10, S. 448–450.

Instruktion zur Anwendung der „Klassifikation der Lagerstättenvorräte fester mineralischer Rohstoffe" auf Kali- und Steinsalzlagerstätten. — Z. angew. Geol., Bd. 3, 1957, H. 2/3, S. 134–139.

Instruktion zur Anwendung der „Klassifikation der Lagerstättenvorräte fester mineralischer Rohstoffe" auf Blei-Zink-Lagerstätten der DDR. — Z. angew. Geolog., Bd. 3, 1957, H. 5/6, S. 269–274.

Instruktion zur Anwendung der „Klassifikation der Lagerstättenvorräte fester mineralischer Rohstoffe" auf Kupferlagerstätten der DDR. — Z. angew. Geol., Bd. 3, 1957, H. 5/6, S. 275–280.

Zu den jüngsten Küstenrückgängen bei Kühlungsborn und Graal-Müritz–Neuhaus

HANS JÜRGEN ROGGE & OTTO MIEHLKE, Rostock

1. Bemerkungen über die hydro-meteorologischen Faktoren

Die Auswirkungen der Sturmflut vom 14. Dezember 1957 lassen es angebracht erscheinen, zu einigen küstengestaltenden Faktoren Stellung zu nehmen. Als einer dieser Faktoren sollen u. a. die mehr „stoßartig" wirkenden Hochwässer und Sturmfluten verstanden werden, also Wasserstände, die höher als 50 cm über Normal-Null liegen. Diese Grenze wurde gewählt, weil allgemein dieser Wasserstand den Strand soweit zu überfluten pflegt, daß das Wasser am Kliffuß „steht" und dort, unterstützt von dem überlagernden Seegang und Wellenschlag die „Aufweichungsarbeit" leistet, die schließlich zu Dünen- und Küstenabbruch und zum Abtransport des aufgearbeiteten Materials führt. Selbstverständlich bestehen hinsichtlich der Widerstandsfähigkeit der einzelnen Sedimente erhebliche Unterschiede, da sich ein Mergelkliff z. B. anders verhält als eine marine Flachküste.

Eine Durchsicht der Pegelunterlagen[1]) des für die oben genannten Abschnitte gültigen Pegels Warnemünde ergibt, daß der kritische Wasserstandswert von 550 cm (Pegelnull = Normal-Null minus 500 cm) im letzten Vierteljahr an folgenden Tagen überschritten wurde: 4. 10., 9.–10. 11., 11. 11., 29. 11., 9. 12. und 14. 12. 1957. Es sind somit 6 Hochwasserlagen vorhanden gewesen.

Wie kam es zu diesen Lagen?

Bei den extremen Wasserstandserhöhungen im Bereich der DDR-Küste handelt es sich im wesentlichen um Windstauphänomene. Hinzu kommen noch Wirkungen der Änderung der Luftdruckverteilung über dem ganzen Ostseebecken und, bisher nicht sicher bewiesen, Schwingungsvorgänge (Eigenschwingungen, Seiches) der Wassermasse des gesamten oder von Teilen dieses Beckens.

Es darf jedoch darauf hingewiesen werden, daß man diesem „Zurückschwappen" des meistens in den vorauf-

[1]) Für die Einsichtnahme in die Akten der BKK und des Küstenschutzes danken Verf. den Herren Ing. H. KRAUSE und Dipl.-Ing. STUDEMUND verbindlichst.

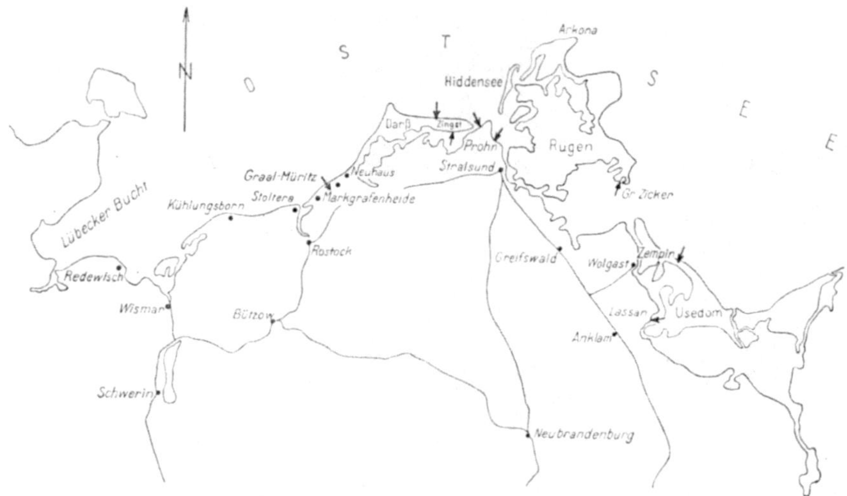

↗ = Deich- bzw. Dünendurchbrüche an der mecklenburgischen Küste

Maßstab 1:1600000 0 50 km

gegangenen Tagen in die nördliche Ostsee verfrachteten Wassers und dem damit verknüpften überdurchschnittlichen Einstrom durch Sund und Belte meistens zuviel Gewicht beilegt, offenbar, weil diese Betrachtungsweise dem anschaulichen Deutungsbedürfnis derartiger Vorgänge entgegenkommt. Bisher scheint es jedoch nicht geglückt zu sein, hier bemerkenswerte Effekte zu berechnen.

Zu der Entstehung des hier interessierenden Windfeldes oder — anders ausgedrückt — der hier überwiegenden Windverteilung über der nördlichen und dem östlichen, mittleren und westlichen Teil der südlichen Ostsee als Ursache der Erscheinung ist folgendes zu bemerken: Aus im Einzelfalle durchaus verschiedenen Ausgangssituationen heraus kommt es zum Aufbau eines Gebietes hohen Luftdruckes über Skandinavien, dem ein Tief im südlichen (Deutschland), im südöstlichen (Polen, Bjelorussische SSR) oder östlichen (Baltikum) Sektor gegenüberliegt. Entsprechend der Richtung des Luftdruckgefälles bildet sich über der südlichen und nördlichen Ostsee ein Windfeld heraus, das in den kritischen Stunden aus den Richtungen zwischen Nord und Ostnordost weht. Bei den starken Gradienten kommt es zu erheblichen mittleren Windgeschwindigkeiten — sie liegen meist zwischen 50 und 100 km/h —, die, als Kaltluft besonders energiereich, den Massentransport und Aufstau des Wassers in der westlichen Ostsee, d. h. besonders im Raum westlich Bornholm, bewirken. Auch Tiefdruckgebiete, die sich in ihrer Verlagerungsbewegung über das Baltikum bewegen, bringen auf ihrer Rückseite über der Ostsee oft die kritischen Windrichtungen und -geschwindigkeiten hervor, auch wenn sich das Gebiet hohen Luftdruckes noch über dem Atlantik und Nordmeer befindet.

Diesen prinzipiell geschilderten Wetterlagen, die sich, wie betont, nur in ihrer Entstehungsgeschichte und ihrer Intensität unterscheiden, entsprach auch das Wetter der eingangs erwähnten Tage, die uns die Wasserstandserhöhungen über 50 cm über NN brachten.

2. Betrachtung einer Intensitätsvergleichsmöglichkeit von Hochwässern

Um einen vergleichbaren Anhaltspunkt für die Intensität der Ursache der erheblichen Strand- und Dünenverluste zu erhalten, muß man u. a., abgesehen von den bisher nicht genügend beobachteten und fixierten Seegangsverhältnissen, die Höhe des Wasserstandes und zum anderen die Dauer dieser Erhöhung berücksichtigen. Diese beiden genannten Faktoren kann man vielleicht zu einer Größe, dem „Aufweichungsstoß" zusammenfassen, der in unserem Falle durch die Beziehung

$$A\,(h,t) = \int h(t)\,dt$$

mit $h(t) = 550$ cm

zu definieren wäre. Es handelt sich also um die stetige Zeitsumme der Wasserstände, die die Höhe von 550 cm (= 50 cm über NN) übersteigen. A (h, t) hat die Dimension cm/Std. Dem numerischen Wert kann man Intensitätsvergleichsmöglichkeiten für Hochwässer zubilligen, wenn man davon ausgeht, daß z. B. eine Wasserstandshöhe von 20 cm über dem ins Auge gefaßten Grenzwert (550 cm) während 10 Stunden eine etwa gleiche Aufweichungsleistung hervorbringt, wie eine Erhöhung von 40 cm während 5 Stunden. Diese Betrachtungsweise dürfte wahrscheinlich in erster Linie für Sandküsten erlaubt sein. Werten wir die Registrierung des Pegels Warnemünde unter diesem Gesichtspunkt aus, so gelangen wir zu folgender Verteilung der Intensitäten:

Am 4. 10.	A =	140 cm/Std
9.—10. 11.	=	370
11. 11.	=	150
29. 11.	=	750
9. 12.	=	310
14. 12.	=	1885

Fassen wir die Gesamtwirkung zusammen, so erhalten wir als „Aufweichungsstoß"-Summe den Wert von 3605 cm/Std, woraus sich die einzelnen Hochwässeranteile wie folgt ergeben:

4. 10.	= 3,9%
9.—10. 11.	= 10,2%
11. 11.	= 4,2%
29. 11.	= 20,8%
9. 12.	= 8,6%
14. 12.	= 52,3%

Man entnimmt dieser Betrachtungsweise, daß die im allgemeinen unbeachtet bleibenden „kleinen" Hochwässer am Summationseffekt doch einen beachtenswerten Anteil haben!

3. Überblick über die Auswirkungen der Sturmflut vom 14. Dezember 1957 an einigen Abschnitten der mecklenburgischen Ostseeküste

Während sich die Sturmflut vom 13. Januar 1957 besonders im westlichen und mittleren Teil des Bezirkes auswirkte, wurde durch die Sturmflut am 14. Dezember der mittlere und östliche Teil des Küstenbezirkes heimgesucht. Die höheren und länger anhaltenden Wasserstände der letzten Sturmflut verursachten besonders in den Boddengebieten eine Reihe Durchbrüche und Überflutungen, s. Übersichtsskizze. Größere Schäden entstanden bei Mittelhof (Sundische Wiese), Groß Moordorf, Prohn (beide Kreis Stralsund-Land), Groß Zicker (Rügen) und Lassan.

Abb. 1. Teilansicht des Strandes vor Kühlungsborn-Mitte einen Tag vor der Sturmflut (13. 12. 1957, 12^{30})

Abb. 2. Der gleiche Strandabschnitt einen Tag nach der Sturmflut (15. 12. 1957, 11^{00})

Abb. 3. Teilansicht von der Promenade zwischen Müritz-Ost und Müritz-West während der Sturmflut (10^{00})

Abb. 4. Um 12^{30} waren bereits Teile der Promenade der Sturmbrandung zum Opfer gefallen

Abb. 5. Der gleiche Dünenabschnitt um 14^{00}. Von der Bevölkerung werden Reste des Plattenbelages der Promenade geborgen

Abb. 6. Der stark zerstörte Dünenabschnitt einige Tage nach der Sturmflut (17. 12. 1957)

An den Dünenküsten der Halbinsel Zingst und auf Usedom führte die Flut zu beachtlichen Rückgängen, die Dünendurchbrüche beim Wasserweg (Zingst) und bei Zempin zur Folge hatten. Aber auch an den übrigen Dünenküsten, wie z. B. an der Westküste des Darß, bei Neuhaus, Graal-Müritz und bei Warnemünde sind die Dünenverluste nicht unerheblich. Sie betrugen nach vorläufigen Schätzungen beispielsweise südlich des Teerbrenner Sees (Westdarß) auf einer Strecke von ca. 2 km Länge bis zu 6 m, bei Neuhaus stellenweise bis zu 8 m und erreichten an einer Stelle östlich der Strandhalle Müritz-Ost sogar die 20 m-Grenze. Die bei der Sturmflut vom 4. Januar 1954 stark in Mitleidenschaft gezogenen Dünen bei den Ostseebädern Ribnitz und Ahrenshoop, siehe v. Bülow (1954a) und Kolp (1955), erlitten fast keine nennenswerten Abbrüche.

4. Die jüngsten Küstenveränderungen bei Kühlungsborn und Graal-Müritz—Neuhaus

a) Kühlungsborn

Bereits bei der Beschreibung der Sturmflut vom 13. Januar 1957 (ROGGE u. MIEHLKE, 1957) wurde darauf hingewiesen, daß größere Teile der Sandauflage vom Kühlungsborner Strand abgeräumt wurden. Die Beobachtung der Sandanreicherung in den einzelnen Buhnenfeldern bzw. nahe der Mittelwasserlinie führte zu dem Hinweis, daß es möglich ist, Teile des abgetragenen Sandes für den Strandaufbau zurückzugewinnen. Die im Jahre 1957 durchgeführten Untersuchungen und Beobachtungen bestätigten diese Vermutung. Die verhältnismäßig flache Böschung der Schorre und die ruhige Wetterlage im Frühjahr, Sommer und Frühherbst trugen dabei nicht unwesentlich zu einer beschleunigten Aufsandung des Strandes bei (s. Abb. 1). Mittels Sandfangzäunen wurden ferner Teile bewegten Sandes gefangen und festgelegt. Die Aufnahme der Schorre im Sommer 1957 ergab jedoch, daß sich die Zahl der Riffe von Kühlungsborn-West in Richtung Kühlungsborn-Ost verringert. Während vor Kühlungsborn-West noch drei Riffe vorhanden waren, existierten vor dem Kurplatz Kühlungsborn-Ost lediglich noch zwei. Das strandnahe Riff löste sich bereits vor Kühlungsborn-Mitte auf. Die Kartierung der Schorre vor dem Kurplatz in Kühlungsborn-Ost wies seewärts der Wasserlinie, von Geröllen und Blöcken unterschiedlicher Größe bedeckten Geschiebemergel auf, der vereinzelt nestartig von einer geringen Sandauflage bedeckt war. Erst ca. 60—65 m von der Wasserlinie entfernt, wurde der teilweise aufgearbeitete Geschiebemergel von einem ca. 40—50 m breiten Riff überlagert. Die landseitige Begrenzung des dritten Riffs lag bei ca. 175 m seewärts der Wasserlinie.

Durch das Fehlen des strandnahen Riffs war der Sturmflut am 14. Dezember die Möglichkeit gegeben, daß sich ein großer Teil der den Wellen innewohnenden kinetischen Energie erst in der ufernahen Zone bzw. auf dem Strand entlud. Neben der Ausräumung des Sandes erfolgte dadurch eine verstärkte Aufarbeitung des darunterliegenden Geschiebemergels, was eine allmähliche Tieferlegung der Geschiebemergeloberkante auf dem Strand zur Folge haben dürfte (s. Abb. 2).

b) Graal-Müritz—Neuhaus

Der Küstenabschnitt Graal-Müritz—Neuhaus besteht vorwiegend aus Hoch- bzw. Flachmoortorf, der nach Graal zu von Heidesand abgelöst wird. Das Liegende der oft mehrere Meter mächtigen holozänen Sedimente bildet brauner bzw. grauer Geschiebemergel. Zur See hin sichern Dünen das oft nur wenige Dezimeter über MW[2]) liegende Hinterland. 1954 wies VON BÜLOW (1954b) bei der Beschreibung einiger Luftaufnahmen dieses Gebietes darauf hin, daß alle Erscheinungen, wie die Ausbildung von 3 Riffen zwischen Müritz-Ost und Neuhaus und „die exzeptionelle Höhe und Massigkeit der Neuhäuser Dünen" auf einen größeren Sandreichtum in diesem Abschnitt zurückzuführen sein dürften. Trotz dieses Sandreichtums befindet sich der noch vor einem Jahrzehnt als „Fixpunkt" geltende Küstenbereich im ständigen Abbruch. Besonders vor Müritz-Ost und östlich des Scheidenweges (Gr. Müritzer Moor) vollziehen sich gegenwärtig Veränderungen, die mit zu den größten an den marinen Flachküsten zählen. Sehr eindrucksvoll bestätigten das die beiden letzten größeren

[2]) MW = Mittelwasser

Abb. 7. Die Promenade östlich der Strandhalle Müritz-Ost, Anfang November 1957 (5. 11. 1957)

Abb. 8. Die Hochwässer im November und Dezember 1957 versteilten die Dünenböschung und spülten bereits Teile der Düne selbst fort

Abb. 9. Der gleiche Dünenabschnitt während der Sturmflut (14. 12. 1957, 13[30])

Abb.10. Bereits vor der Sturmflut waren Teile der Promenade vorangegangenen Hochwässern zum Opfer gefallen. Der eigentümliche Abbruch von Teilen der Promenade dürfte sowohl eine Folge des festgetretenen Gehsteiges als auch des Frostes sein

Sturmfluten vom 4. Januar 1954 und vom 14. Dezember 1957. Wie rasch ein derartiger Abbau einer bereits im Zurückweichen begriffenen Düne erfolgt, mögen die Aufnahmen von Müritz-Ost veranschaulichen (Abb. 3, 4, 5). An der am meisten gefährdeten Stelle betrug der Rückgang ca. 14 m. Beiderseits der Gefahrenstelle wich die Düne auf einer Länge von ca. 200 m um 12 m zurück.

Ein ähnliches Bild bot sich auch unmittelbar vor der Strandhalle Müritz-Ost und östlich davon. Noch Anfang November war eine gepflegte und bewachsene Düne für dieses Gebiet kennzeichnend (s. Abb. 7). Die Hochwässer im November und Dezember 1957 aktivierten jedoch bereits diese Düne, indem sie Teile der Dünenböschung und der Düne selbst fortführten (Abb. 8, 10). Den anbrandenden Wellen der Sturmflut vom 14. 12. wurde damit ihr Zerstörungswerk wesentlich erleichtert. Die Promenade ging verloren und die Dünenabbruchkante wurde ca. 7 m landwärts verlagert. Wie stark der Abbruch am östlichen Ende der Promenade war, verdeutlichen auch die Windflüchter (s. Abb. 7, 8 und 9). Der Küstenrückgang beträgt in diesem Bereich nach vorläufigen Schätzungen ca. 20 m.

Die Gefahrenstelle ca. 400 m östlich des Scheidenweges nordostwärts Müritz-Ost erlitt bei der letzten Sturmflut fast keinen Rückgang. Lediglich einige Abspülungen am Fuß der Restdüne deuteten auf einen geringen Verlust hin. Demgegenüber war der Rückgang ca. 100 m östlich davon recht beträchtlich, so daß an zwei Stellen lediglich noch Dünenbreiten von 5 und 6 m vorhanden sind. Die zahlreichen auf den Strand geworfenen Torfblöcke zeigen ferner, daß auch die am Strande und submarin ausstreichenden Torflager stärkere Abbrüche erlitten.

Der verstärkte Küstenrückgang vor Müritz-Ost und östlich des Scheidenweges dürfte auf eine Reihe von Ursachen zurückzuführen sein. Abgesehen von den bereits erwähnten klimatischen Einflüssen und speziellen wellendynamischen Vorgängen, die noch einer eingehenden Klärung bedürfen, liegen eine Anzahl Anhaltspunkte vor, die den verstärkten Rückgang begünstigen. Von seiten der Betriebsstelle Küstenschutz beim VEB Wasserwirtschaft Küste wurde zum Beispiel an Hand mehrjähriger Peilungen vor Müritz-Ost darauf aufmerksam gemacht, daß sich in diesem Gebiet ein stärkeres Vorrücken der Isobathen zeigt, wodurch eine Versteilung der Schorre eintritt.

Die Arbeitsgruppe Küstengeologie beim Geologischen Dienst Schwerin stellte ferner östlich des Scheidenweges stärkere Auflösungserscheinungen des strandnahen Riffs fest, deren Ursache in der Sandarmut vor dem Gebiet der Torfaustritte zu suchen ist. Die Regeneration der z. T. stark angegriffenen Düne wird dadurch in keiner Weise gefördert. Im Gegenteil dürfte die allmähliche landwärtige Verlagerung der Torfabbruchkante einen weiteren Verlust der Düne nach sich ziehen.

Abb. 11. Teilansicht von dem gleichen Dünenabschnitt zur Zeit der Sturmflut (13^{30})

Abb. 12. Ein westlich Neuhaus auf dem Strand liegender, dichter Schilfgürtel schützt die Düne vor größeren Abbrüchen. Wo der Schilfgürtel aufgerissen wurde, war ein verstärkter Rückgang der Düne die Folge

5. Zusammenfassung

Bei einer Betrachtung der Einwirkungen der letzten Sturmfluten auf die mecklenburgische Ostseeküste hat es den Anschein, als nutzten die jeweiligen Fluten vorwiegend bestehende Schwächezonen an der Küste aus. Diese Angriffsflächen sind u. a. durch die derzeitige Beschaffenheit der Schorre, wie die Veränderlichkeit der Isobathen, der Anzahl und Lage der Riffe und nicht zuletzt durch die geologischen Lagerungsverhältnisse vorgezeichnet. Die Beobachtungen lehren ferner, daß nicht erst extreme Wasserstände auftreten müssen, um größere Veränderungen herbeizuführen. Es sind oft schon Wasserstände, die man bisher vielfach für „harmlos" gehalten hat, die aber zu erheblichen Küstenrückgängen führen können.

Im Interesse der Sicherung wertvollen Volkseigentums ist es deshalb erforderlich, die bisherigen Erkenntnisse über die dynamischen Vorgänge an der Küste zu erweitern und zu vertiefen, um geeignete Maßnahmen treffen zu können, die die Auswirkungen der Sturmfluten mindern.

Literatur

BÜLOW, K. v.: 4. Januar 1954 – Sturmflut an der mecklenburgischen Küste. Ein geologischer Bildbericht. – „Natur und Heimat", Jg. 1954, H. 3, Dresden 1954 (a).

– Allgemeine Küstendynamik und Küstenschutz an der südlichen Ostsee zwischen Trave und Swine. – GEOLOGIE, Beih. Nr. 10 (1954 b).

KOLP, O.: Sturmflutgefährdung der deutschen Ostseeküste zwischen Trave und Swine. – Verl. Seehydrograph. Dienst, Stralsund 1955.

ROGGE, H. J. & O. MIEHLKE: Verlauf und Auswirkung der Sturmflut vom 13. Januar 1957 an der mecklenburgischen Küste. – Z. angew. Geol., Jg. 1957, H. 8/9, Berlin 1957.

Bilder

BENCARD, J., Dipl.-Forstwirt, Graal, u. RABE, K., Geologietechniker, Schwerin.

Aus dem Erdbaulaboratorium der Staatlichen Geologischen Kommission

Mitarbeit beim Baugeschehen

RICHARD KÖHLER, Berlin

Systematische Beratungen zum Baugeschehen in geologischer Hinsicht wurden bereits Anfang der dreißiger Jahre durchgeführt, insbesondere seit Beginn des Baus der Reichsautobahnen. Allerdings sprach man damals noch nicht von Ingenieurgeologie bzw. Ingenieurgeologen. Von der vielseitigen Betätigung auf dem Gebiet der Bodenuntersuchungen für das Baugeschehen legen mehrere Veröffentlichungen aus diesen Jahren Zeugnis ab.

Heute arbeitet bei der Staatlichen Geologischen Kommission in engster Anlehnung an die Ingenieurgeologie ein Erdbaulaboratorium. Hier sind z. Z. 14 Mitarbeiter (einschl. 4 Fachkräfte) tätig. Das Laboratorium ist in jeder Hinsicht mit modernen Apparaturen ausgestattet und somit allen Anforderungen gewachsen.

Seine wichtigste Aufgabe ist die Unterstützung der Ingenieurgeologie bei der Begutachtung durch Beigabe bodenphysikalischer und bodenmechanischer Kennwerte sowie die Abgabe spezieller Baugrundbegutachtungen. Die bei den einzelnen Geologischen Diensten jetzt eingerichteten kleineren bodenphysikalischen Laboratorien werden vom Erdbaulabor betreut und die Laboranten in 3- bis 4wöchigen Kursen ausgebildet.

Am wichtigsten für die Beurteilung eines Erdstoffes hinsichtlich seines baulichen Verhaltens ist unzweifelhaft die *mechanische Analyse*. Je nach der Kornzusammensetzung kommen als Untersuchungsverfahren in Frage: die Siebung, die Schlämmung und die Sedimentation. Bei rolligen Erdstoffen, wie Kiesen und Sanden, wird man eine größere lufttrockene Einwaage, und zwar mindestens 50–100 g für Sande und bis zu 1 kg für reine Kiese der Trockensiebung unterwerfen; hierfür stehen eine größere Siebschüttelmaschine und ein kleineres Vibrationsgerät der Firma FISCHER/Schaffhausen zur Verfügung. Bei leicht verlehmten Sanden empfiehlt es sich zuweilen, das Naßsiebverfahren anzuwenden, um den Quarzteilchen anhaftende tonige Bestandteile besser ablösen zu können. Für mittelkörnige Erdstoffe, für lehmige Sande, sandige Lehme usw. stehen 2 Spülapparate nach KOPECKY zur Verfügung. Der ursprünglich aus 3 Zylindern bestehenden KOPECKY-Apparatur wurde ein 4. Zylinder zwischengeschaltet, um bei der Fraktionierung die Korngrößen 0,02 mm mit zu erfassen. Als Abschlämm erscheinen hierbei die Anteile unter 0,01 mm. Bei diesem Spülverfahren erhält man die reinen Kornfraktionen 0,01–0,02 mm, 0,02–0,05 mm, 0,05–0,10 mm und im kleinsten Zylinder alle gröberen Kornanteile über 0,10 mm, die anschließend durch Siebung weiter unterteilt werden. Das Anfallen bestimmter Kornfraktionen hat besonders für die bodengeologische Beurteilung Bedeutung, weil hierdurch evtl. notwendige weitere mineralogische und sedimentpetrographische Untersuchungen leichter und übersichtlicher gestaltet werden können.

Für bindige Erdstoffe höherer Dispersität kommt ein weiteres Verfahren, die Sedimentation, in Frage. Wir verwenden hierfür im allgemeinen das Pipettverfahren nach KÖHN. Das Aräometerverfahren nach A. CASAGRANDE, welches ebenfalls auf einem Sedimentationsvorgang beruht, wird zuweilen durchgeführt. Nach Abschluß der Sedimentationsanalysen werden gröbere Gemengteile über 0,1 mm gesiebt.

Wichtig für alle Methoden der mechanischen Analyse, zumindest bei allen bindigen und mittelkörnigen Böden, ist eine gute und ausreichende Aufbereitung und Vorbehandlung der Proben. In jedem Falle wird zunächst die Einwaage von 20 bzw. 25 g (KOPECKY) 24 Stunden in Wasser geweicht. Durch Vorproben ermitteln wir dann das geeignetste Dispersionsmittel für die Durchführung der Sedimentationsanalyse. Eine Aufschlämmung von 0,2 g des zu untersuchenden Materials in 10 ccm des Dispersionsmittels wird in Reagenzgläsern beobachtet; als Dispersionsmittel wird dasjenige gewählt, welches die stabilste Suspension, d. h. die beste Aufteilung in Primärteilchen erkennen läßt. Als Dispersionsmittel verwenden wir destilliertes Wasser, 0,1%ige Lithiumkarbonatlösung und n/100 Ammoniaklösung. Die Ergebnisse der mechanischen Analyse werden im allgemeinen als Kornverteilungskurven wiedergegeben, und zwar in halblogarithmischer Auftragung (Abb. 1). Die Benennung der Korngruppen erfolgt in Anlehnung an DIN 4022 und 4023, wie es

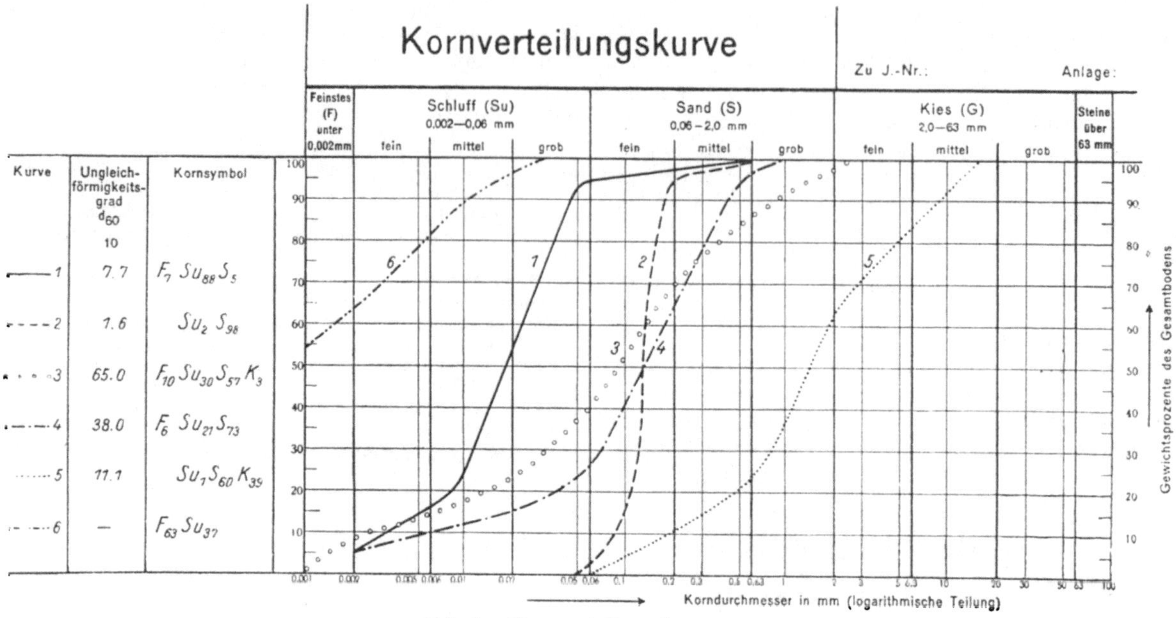

Abb. 1. Kornverteilungskurven

1 Löß (schwach toniger feinsandiger Schluff), 2 Feinsand (sehr gleichkörnig), 3 Geschiebemergel, 4 schwach toniger, schluffiger Fein-Mittelsand, 5 stark kiesiger Sand, 6 stark schluffiger Ton

allgemein in der Baupraxis und auch in der landwirtschaftlichen Bodenkunde usw. üblich ist. Aus dieser graphischen Darstellung der mechanischen Analyse, die Unterschiede im Kornaufbau mehrerer Erdstoffe auf einem Kurvenblatt sehr gut hervortreten läßt, kann u. a. der wichtige *Ungleichförmigkeitsgrad* abgelesen werden. Der Ungleichförmigkeitsgrad U ist danach das Verhältnis der Korndurchmesser von 60% und 10% der Verteilungskurve. Erdstoffe mit einem Ungleichförmigkeitsgrad $U < 5$ bezeichnet man als sehr gleichkörnig zusammengesetzt. Sie zeigen in einem relativ engbegrenzten Kornbereich einen steilen Anstieg der Kurve. Bei einem Ungleichförmigkeitsgrad $U > 15$ spricht man von sehr ungleichkörnigen Erdstoffen. Es lassen sich aus dem Ungleichförmigkeitsgrad wichtige Folgerungen auf das bauliche Verhalten ableiten. Ein steiler Anstieg im Kornbereich von 0,01—0,05 mm deutet z. B. einen Löß an. Ein Geschiebemergel oder Geschiebelehm macht sich durch einen langgestreckten Kurvenverlauf und damit zusammenhängend durch einen größeren Ungleichförmigkeitsgrad kenntlich. Die besonders für die Betonverwertung wichtige Fullerkurve verlangt einen Ungleichförmigkeitsgrad von etwa 36,7; hierbei wird ein relativ geringes Porenvolumen, d. h., eine größte Lagerungsdichte des Korngemischs erreicht. Auch für Abdichtungszwecke im Erddammbau erscheint ein höherer Ungleichförmigkeitsgrad (etwa 37) von Vorteil, weil hierdurch ein lückenloser Kornaufbau, ein minimales Porenvolumen und — dadurch bedingt — eine hohe abdichtende Wirkung erzielt wird. Für den Straßenbau werden rollige Erdstoffe als Unterbau gefordert, deren Ungleichförmigkeitsgrad etwa bei 7 liegt. Die Einwirkung dynamischer Schwingungen auf den rolligen Untergrund liegt weiterhin besonders niedrig bei einem Ungleichförmigkeitsgrad von 8. Bei geringerem Ungleichförmigkeitsgrad verstärken sich die dynamischen Beeinflussungen und führen zu größeren Setzungen. Ein sehr gleichkörniger Erdstoff wird sich unter sonst gleichen Bedingungen weniger setzen als ein ungleichkörniger, da bei letzterem die kleineren Körner leichter in die Poren zwischen den gröberen Kornanteilen eindringen können, besonders, wenn gleichzeitig Wasser zugegen ist. Ein ungleichförmiger Kornaufbau ist frostgefährdeter, weil, bedingt durch den Kornaufbau, viel mehr feinere Poren bestehen und so ein höherer und stärkerer kapillarer Wassernachschub aus dem Grundwasser ermöglicht wird.

Es sei hier noch erwähnt, daß sich zuweilen Störungen bei der Sedimentationsanalyse stärker bindiger Erdstoffe durch Koagulation oder durch Quellungsvorgänge beobachten lassen, wodurch selbstverständlich das Ergebnis beeinflußt werden muß. Man sollte bei der Gesamtbeurteilung dieser hochdispersen Erdstoffe weniger die mechanische Analyse heranziehen, sondern vielmehr sich auf andere bodenphysikalische Kennwerte, wie die Wasseraufnahmefähigkeit, Plastizität, Thixotropie, verlassen. Es wird zumeist ausreichend sein, festzustellen, ob tatsächlich schluffige oder sandige Gemengteile am Kornaufbau beteiligt sind. Vielfach lassen sich diese gröberen Gemengteile dann unter dem Mikroskop als unverwittertes Ursprungsgestein oder als festhaftende Aggregate erkennen.

Zur Ermittlung des *Porenvolumens* (n) bzw. der *Porenziffer* (ε) werden Bestimmungen des *spezifischen Gewichtes* (s) wie auch des *Raumgewichtes* (γ) durchgeführt. Das spezifische Gewicht wird an bei 105° C getrockneten, bis unter 0,2 mm feingepulverten Proben im Pyknometer volumetrisch mit Benzol bestimmt. Das Raumgewicht natürlicher Lagerung (γ_n) ermitteln wir im Volumenometer nach SEGER gegebenenfalls nach Paraffinieren der Proben. Das Raumgewicht bzw. die Lagerungsdichte rolliger Böden lockerer (γ_l) und dichtester Lagerung (γ_n) wird im geeichten Stahlzylinder bestimmt, letzteres unter Klopfen, Rütteln und bei gleichzeitigem Absaugen des zugegebenen Wassers. Aus diesen Analysenwerten errechnet sich u. a. das Verdichtungsverhältnis D_v bzw. der Verdichtungsgrad D_g, auch Relative Dichte genannt:

$$D_v = \frac{n_0 - n}{n_0 - n_d}$$

Das Verdichtungsverhältnis D_v gibt Aufschluß über die prozentual in der Natur erreichte zur versuchsmäßig überhaupt möglichen Verdichtung. Nach den praktischen Erfahrungen kann man einen rolligen Untergrund mit einem Verdichtungsverhältnis $> 0{,}5$ als ausreichend dicht gelagert ansehen, sodaß größere Setzung nicht mehr zu erwarten ist. Für die Beurteilung rolliger Erdstoffe im Straßenbau werden auf Grund später noch zu erörternder Proctorversuche teilweise höhere Anforderungen an die Verdichtung bzw. die Lagerungsdichte gestellt. Über das Verhalten eines bindigen Erdstoffes zum Wasser gibt der Enslinwert oder die maximale *Wasseraufnahmefähigkeit* einen wertvollen Hinweis. Die Enslinwerte stehen zumeist in guter Parallele zur Wasserduchlässigkeit, Plastizität, Thixotropie, zum Quellverhalten und auch zur Kornverteilung. Gerade durch die Bestimmung der Wasseraufnahmefähigkeit, auch Wasserbindefähigkeit genannt, können zuweilen auftretende Unstimmigkeiten in der Kornverteilung aufgeklärt werden. Zur Bestimmung steht der Apparat von ENSLIN (Abb. 2) zur Verfügung. Die Dispersität des Aufgabegutes ist hierbei selbstverständlich von gewisser, jedoch nicht entscheidender Bedeutung. Wichtiger für den gesamten Ablauf und den Endwert der Wasseraufnahme ist unter allen Umständen die mineralogische Zusammensetzung des Tonkomplexes und dessen austauschfähiger Basenbelegung. Die Bedeutung des Enslinwertes liegt darin, daß man mit sehr geringen Probemengen in kurzer Zeit einen Überblick über die Art der vorhandenen Tonminerale erhält, da er sehr deutlich gerade auf chemisch-mineralogische Unterschiede im Kornaufbau reagiert. Man erhält auf diese Weise recht schnell Aufschluß darüber, ob im Tonkomplex überwiegend wenig quellfähiger Kaolinit oder aber höher quellfähige Tonminerale vom Typ des Montmorillonit vorhanden sind. Die petrographisch-mineralogische Zusammensetzung und damit die chemische Natur der tonigen Anteile sowie die Art und Menge der austauschbaren Basen wird im Gegensatz zur mechanischen Analyse für die Wasseraufnahmefähigkeit den Ausschlag geben. Für den Versuch selbst werden im allgemeinen 0,3 g bis unter 0,2 mm gepulvertes und bei 150° C getrocknetes Tonmaterial verwendet. Die zeitlichen Wasseraufnahmen werden zweckmäßig als Kurve aufgetragen. Bei schwachbindigen Erdstoffen zeigt sich zumeist schon nach wenigen Minuten ein deutlicher Knick in der Kurve. Die weitere Wasseraufnahme ist dann im allgemeinen recht gering und kann zumeist vernachlässigt werden.

Abb. 2. Enslin-Apparat (im Hintergrund), Klopfapparat (rechts), Gerät für Einheitswasserzahl (w_1 — links), Gerät für Breiwasserzahl (w_0 — Mitte)

Dieser Knickpunkt ergibt umgerechnet auf 100 g Trockenboden den Enslinwert, z. B. 56% H_2O z. Tr. Hier wie bei allen bodenphysikalischen Kennwerten für das Baugeschehen wird der Wassergehalt stets auf Trockenboden berechnet (% H_2O z. Tr.). Bei Anwesenheit stärker quellfähiger Minerale im Tonkomplex erhält man keinen deutlichen Knick in der Kurve, die Kurve nimmt einen asymptotischen Verlauf an. Da bei allzulanger Versuchsdauer Störungen auftreten können, z. B. durch Temperaturveränderungen, woraus sich Schwankungen in der Stellung des Wassermeniskus in der Kapillare ergeben, empfiehlt es sich, den nach zweistündiger Versuchsdauer erhaltenen Enslinwert anzugeben und diesen mit einem Pfeil zu versehen, z. B. 151↑. Dieser Pfeil hinter dem Enslinwert soll andeuten, daß nach zweistündiger Versuchsdauer die Wasseraufnahme noch nicht abgeschlossen und noch ein deutlicher Anstieg der Kurve zu verzeichnen ist. Für Lehme und magere Tone ergeben sich zumeist Enslinwerte < 100; Enslinwerte > 120 deuten darauf hin, daß neben Kaolinit auch noch andere höher quellfähige Tonminerale im Tonkomplex angenommen werden können. Bentonitische Tone zeigen Enslinwerte > 200, reinere Montmorillonite ergeben bei vorwiegend Natrium-Ionen-Belegung Werte von 500—700, bei überwiegend Kalzium-Ionen-Belegung Werte von 300—400.

Für die Beurteilung bindiger Erdstoffe und um einen Anhalt hinsichtlich des Setzungsverhaltens zu erlangen, wird man der Bestimmung des plastischen Verhaltens nicht entraten können. Die *Plastizität*, Bindigkeit oder Verformbarkeit eines bindigen Erdstoffes im Gemenge mit Wasser ist ebenfalls vom jeweiligen Wassergehalt abhängig. Man unterscheidet hierbei eine obere und eine untere Grenze der Plastizität. Oberhalb der Fließgrenze liegt der thixotrope Bereich und daran anschließend der breiig-flüssige Zustand; unterhalb der Ausrollgrenze bezeichnet man einen Erdstoff als halbfest. Zur Ermittlung der Fließgrenze oder besser gesagt des Wassergehaltes der Fließgrenze dient der genormte Klopfapparat nach A. CASAGRANDE (Abb. 2). Der Wassergehalt bei einer Schlagzahl von 25 wird hierbei als Fließgrenze bezeichnet (z. B. fl oder $w_f = 54\%$ H_2O z. Tr.). Anschließend wird der Tonbrei durch Kneten und Ausrollen auf einer rauhen Glasplatte zu Drähten bis etwa Bleistiftstärke ausgerollt. Als Ausrollgrenze (a oder $w_a = 21\%$ H_2O z. Tr.) gilt der Wassergehalt, wenn bei Bleistiftstärke unter leichtem Rollen ein Zerbröckeln eintritt. Die Differenz der Wassergehalte der Fließgrenze und der Ausrollgrenze ergeben dann den Plastizitätsgrad oder die Plastizitätszahl ($P = fl - a = 54 - 21 = 33$). Bei einer Plastizitätszahl über 25 spricht man von hochplastischen fetten Tonen, magere Tone oder Lehme weisen Plastizitätszahlen auf zwischen 10—25; Plastizitätszahlen unter 10 sind kennzeichnend für Löß und sandige Tone. Der Wert des Plastizitätsgrades liegt darin, daß unter Berücksichtigung des ermittelten natürlichen Wassergehaltes (w_n) eine schärfere Beurteilung der natürlichen Konsistenz bindiger Erdstoffe ermöglicht wird. Man erhält aus den entsprechenden Zahlenwerten des natürlichen Wassergehaltes, der Plastizität und der Fließgrenze den sogenannten Steifegrad (q) oder die Konsistenzzahl (K): $K = \frac{fl - w_n}{P}$. Die Lage des natürlichen Wassergehaltes zu den Grenzen des plastischen Verhaltens läßt die natürliche Konsistenz dann als weich, steif, halbfest usw. erkennen. Gemäß der Tabelle zu 4.21 der DIN 1054 „Zulässige Belastung des Baugrundes“ vom Juni 1953 können nunmehr begründetere Angaben hinsichtlich der Belastbarkeit bzw. der Setzung gemacht werden (Abb. 3). Liegt der natürliche Wassergehalt z. B. oberhalb der Ausrollgrenze ($K > 1,0$), so werden sich bei der vorhandenen halbfesten Beschaffenheit des natürlichen Bodens keine größeren Setzungen ergeben, die Belastung des Bauwerkes kann ohne weiteres mit 2 kg/cm² angenommen werden. Die Bedeutung der plastischen Kennwerte im Hinblick auf das Baugeschehen wird hiermit deutlich erkennbar. Ein höherer Enslinwert, eine gute Plastizität und eine hohe Dispersität lassen weiterhin eine gut abdichtende Wirkung eines Erdstoffes im Erddammbau usw. erwarten. Setzungen werden sich bei bindigen Erdstoffen stets über längere Zeiträume erstrecken, zumal wenn der Wassergehalt nahe der Fließgrenze zu liegen kommt. Kornverteilung und bei bindigen Böden der natürliche Wassergehalt sind die maßgebenden Faktoren für das Setzungsverhalten eines solchen Bodens. Bei rolligen Böden auch lockerer Lagerung werden die Setzungen dagegen relativ schnell, zum größten Teil bereits während der Bauzeit abklingen, um gleich an dieser Stelle die Bedeutung der bodenphysikalischen Kennziffern kurz vor Augen zu führen.

Von der Forschungsanstalt für Schiffahrt, Wasser und Grundbau (OHDE, 1950) wurden zwei weitere Werte zur Beurteilung des baulichen Verhaltens bindiger Böden eingeführt, die *Breiwasserzahl* w_0 und die *Einheitswasserzahl* w_1 (Abb. 2). „Die Breiwasserzahl w_0 entspricht etwa dem natürlichen Wassergehalt der obersten Bodenschicht (von rund 1 cm Tiefe) eines unter Wasser gleichmäßig abgesetzten Erdmaterials. Diese oberste Schicht ist nach dem Umrühren ein dünnflüssiger Brei ohne Festigkeit, weil die wirksame Belastung nahezu Null ist. Die einzelnen Erdkörnchen sind infolgedessen ziemlich beweglich und weisen annähernd den größten Wert ihrer Wasserbindefähigkeit auf.“ Der Breiwassergehalt kann als guter Vergleichswert einmal für die Feinkörnigkeit und das andere Mal für die Wasserbindung der tonigen Teile angesehen werden. „Die Einheitswasserzahl w_1 entspricht dem Wassergehalt für 1 kg/cm² Belastung nach erfolgtem Druckausgleich des Porenwassers. Durch w_1 wird also die Wasserzahl für eine bestimmte mittlere Belastung gefunden, wodurch den bautechnischen Angaben besser

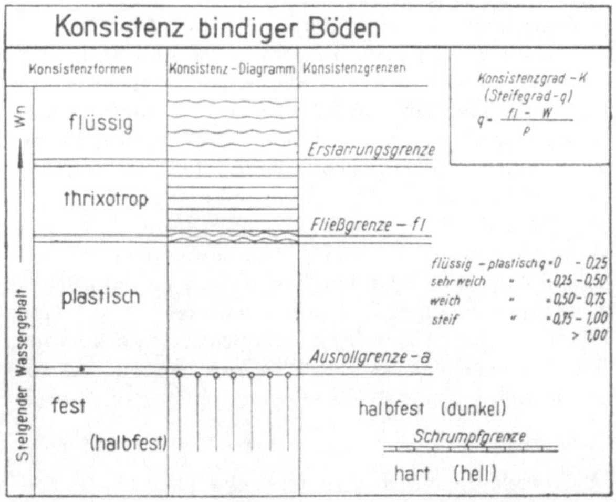

Abb. 3. Konsistenzgrenzen

entsprochen werden kann.“ Aus der Differenz $w_0 - w_1$ erhält man den sogenannten Verformungsindex, der in gewisser Parallele zur Plastizitätszahl steht. Die Ermittlung der Breiwasserzahl gelingt beispielsweise auch noch für rollige Erdstoffe, bei denen die Ermittlung der Ausrollgrenze infolge fehlender Bindigkeit sich nicht mehr durchführen läßt. Das Verhältnis w_0/w_1 kann nach OHDE als eine Art Gütezahl zur Beurteilung der abdichtenden Wirkung eines Erdstoffes betrachtet werden: $w_0/w_1 > 2,5$ gilt als guter Dichtungston, w_0/w_1 von 1,5—2,5 läßt die Verwendung von Erdstoffen in größerer Mächtigkeit noch für Abdichtungszwecke zu. Soll die wasserabdichtende Wirkung eines Erdstoffes z. B. unter der Größenordnung 10^{-7} cm/sec liegen, so kann hierfür eine Abhängigkeit $w_1 < 0,5\ w_0$ als Grenzwert gelten. Zahlreiche von uns durchgeführte Vergleichsversuche zwischen Fließ- und Ausrollgrenze einerseits und Breiwasser- sowie Einheitswasserzahl andererseits haben noch keine eindeutigen Ergebnisse gezeitigt; hierüber wird voraussichtlich noch gesondert berichtet werden. Erdstoffe mit geringen Plastizitätszahlen zeigen im allgemeinen auch recht geringe Werte des Verformungsindex, eine gewisse Parallelität zwischen all diesen einheitlichen Werten zur Bestimmung des plastischen Verhaltens ist jedoch unverkennbar.

Die Ermittlung der *Wasserdurchlässigkeit* eines Erdstoffes ist insbesondere von Bedeutung bei der Überprüfung der abdichtenden Wirkung bindiger Materialien für Erddämme, Rückhaltebecken, Kanäle usw. Hierzu werden gestörte und ungestörte Bodenproben zwischen Sandschichten in Durchlässigkeitsapparaten aus Messing eingebaut und stufenweise belastet. Der Wasserdurchtritt in Abhängigkeit von der Zeit wird beobachtet und hieraus gemäß dem Gesetz nach DARCY der Durchlässigkeitsbeiwert oder die Durchlässigkeitsziffer (k) berechnet, die angibt, mit welcher Geschwindigkeit sich das Wasser durch einen bestimmten Erdstoff hindurch bewegt.

Wir verwenden seit geraumer Zeit Durchlässigkeitsapparate aus Plexiglas (Abb. 4), die während des Versuches eine Beobachtung von außen gestatten und z. B. erkennen lassen, ob eine genügende Randdichtung zwischen der Bodenscheibe und der Plexiglaswandung vorliegt, wovon selbstverständlich das Versuchsergebnis abhängt. Wir führen die Versuche zunächst ohne Auflast der Bodenschicht durch (Durchlässigkeitsziffer ohne Auflast k_0), anschließend bei Belastung der Bodenschicht von 1 kg/cm², 3 kg/cm² usw. je nach den Erfordernissen des vorliegenden Bauobjektes ($k_{1,0}$, $k_{3,0}$ usw.). Selbstverständlich kann die Bestimmung der Wasserdurchlässigkeit auch in den später zu besprechenden Drucksetzungsgeräten erfolgen. Bindige Böden mit guter abdichtender Wirkung für die Verwendung als Dichtungsteppich, als Dichtungsschürze oder auch als Kerndichtung im Erddammbau müssen Durchlässigkeitsziffern aufweisen von der Größenordnung mindestens x 10^{-7} cm/sec. Bei geringerem Durchlässigkeitsbeiwert von der Größenordnung x 10^{-6} bzw. x 10^{-5} cm/sec wird man die Mächtigkeit der abdichtenden Schicht dann entsprechend verstärken müssen, wenn man kein geeigneteres Material zur Verfügung hat. Während sehr undurchlässige schwere Lehme und Tone k-Werte aufweisen von der Größenordnung x 10^{-8} bis x 10^{-10} cm/sec, liegen diese Werte für feinere Sande und Schluffsande bei $k = 10^{-2}$ bis x 10^{-4} cm/sec. Es soll hier angedeutet werden, daß die Durchlässigkeitsziffer nur dann als

Abb. 4. Wasserdurchlässigkeitsgeräte (Plexiglas), Porenprüfer nach WAZAU (rechts)

physikalische Konstante angesehen werden kann, wenn die Strömung im Boden tatsächlich dem Gesetz nach DARCY gehorcht. Für grobkörnige Erdstoffe wie Kiese, kiesige Sande usw. ist infolge auftretender Turbulenz der Strömung mit deutlichen Abweichungen von diesem Gesetz zu rechnen. Der k-Wert ist keine absolute Bodenkonstante, da er abhängig ist von der Belastung des durchströmten Bodens, d. h. von der Lagerungsdichte bzw. dem Porenvolumen und auch in geringem Maße von der Temperatur bzw. von der Viskosität des Wassers. Die Durchlässigkeit einer Erdschicht wird jedenfalls mit steigender Belastung abnehmen. Eine gewisse Sonderstellung nimmt hier der Löß ein, der bekanntlich eine äolische Sedimentbildung darstellt. Bei unveränderter Lagerungsdichte, d. h. bei ungestörten Proben ergibt die Wasserdurchlässigkeit in verschiedenen Richtungen hier beträchtliche Unterschiede.

Die Wasserdurchlässigkeit einer Bodenschicht ist weiterhin von Bedeutung bei der Betrachtung des Frostproblems und hier wiederum besonders beim Straßenbau. Der kapillare Wassernachschub aus dem Grundwasser in die Frostzone ist abhängig von der Durchlässigkeit der zwischen Grundwasserhorizont und Straßenuntergrund gelegenen Erdschichten und von der Kornverteilung, d. h. dem Kornaufbau (ungleichförmig oder gleichförmig). Dieser zusätzliche Wassernachschub in die Frostzone aus dem Grundwasser und selbstverständlich auch von Oberflächenwasser, welches von oben oder seitlich in die Frostzone eindringen kann, zeigt gerade bei Erdstoffen von der Kornzusammensetzung des Löß optimale Auswirkungen. Hier ist bei relativ hoher Kapillarkraft eine relativ günstige Wasserdurchlässigkeit vorhanden, so daß in der Zeiteinheit verhältnismäßig viel Wasser in die Frostzone eindringen kann. Ein Fachkundiger schrieb einmal: „Die für die Landwirtschaft günstigen bodenphysikalischen Eigenschaften des Löß wirken sich auf den Straßenbau verhängnisvoll aus.“

Für die Ermittlung der *kapillaren Steighöhe* verwenden wir den Apparat nach BESKOW. Die kapillare Steighöhe in cm ausgedrückt entspricht hierbei dem Kapillarunterdruck, der mittels eines variablen Niveaugefäßes, welches kommunizierend mit einer auf einer durchlässigen Glasfritte aufgegebenen Bodenmenge verbunden ist, erzielt wird. Bei Steighöhen über 1,5 bzw. 2,0 m verwendet man, um die Versuchsanordnungen und die Durchführungen handlicher zu gestalten, Quecksilber an Stelle des Wassers und multipliziert die abgelesenen Höhendifferenzen mit 13,6. Auf diese Weise kann man kapillare Steighöhen bis etwa 10 m messen. Die nach BESKOW ermittelte kapillare Steighöhe ist stets als Minimalwert zu betrachten, da die jeweils vorhandenen größeren Kapillaren stets zuerst die Luft durchbrechen lassen und beim Versuch die Wasserschicht zum Abreißen bringen, während in der Natur gerade die feinsten Kapillaren das Wasser am höchsten emporzusaugen vermögen. Man spricht bei dieser Methode mit sinkendem Meniskus auch von passiver Kapillarität; im Gegensatz hierzu steht die aktive Kapillarität, die in Glasröhren mit steigendem Wassermeniskus ermittelt wird. Die aktive Kapillarität ist stets größer als die passive Hubkraft.

Einen wichtigen Bestand eines modernen Erdbaulaboratoriums bilden unzweifelhaft die *Druckgeräte*, mit denen die Drucksetzungskurven bzw. das Druckporenziffer-Diagramm und daraus die zur Berechnung von Bauwerkssetzungen notwendigen Steifezahlen (E-Zahlen) erhalten werden. Wir besitzen z. B. 7 Druckgeräte der Bauart nach Prof. OHDE, mit einem Durchmesser der eingebauten Bodenscheiben von 50 mm (20 cm²) und eine größere Apparatur für Bodenscheiben von 80 mm Durchmesser (50 cm²) bei einer gleichbleibenden Anfangsschichtdecke von 20 mm. Die Ergebnisse der Drucksetzungsversuche werden in Diagrammen aufgetragen. Aus der Neigung der Kurven ergeben sich dann die Steifezahl E oder die Verdichtungsziffer α; die Steifezahl entspricht dem Elastizitätsmodul der festen Werkstoffe, allerdings ist sie nicht konstant, sondern abhängig von der Höhe der Bauwerkslast. Aus dem Kurvenverlauf der Drucksetzungsdiagramme lassen sich auch für den Geologen wichtige Schlüsse auf die frühere Vorbelastung bindiger Schichten des Untergrundes ziehen, z. B. Berechnung der Mächtigkeit von transgredierenden Eisschichten im Pleistozän. Der Kurvenverlauf im Druckporenziffer-Diagramm läßt durch einen mehr oder weniger deutlichen Knick erkennen, wie hoch die Belastung durch überlagernde Schichten in früheren geologischen Zeiträumen einmal gewesen sein muß (geologische Vorbelastung), woraus dann Schlüsse gezogen werden können auf die Mächtigkeit der Eisdecke selbst. Diese geologische Vorbelastung hat insofern auch noch eine gewisse praktische Bedeutung, als bei einem Sohldruck des Bauwerkes, der kleiner als die geologische Vorbelastung ist, nur mit entsprechend geringerer Setzung gerechnet zu werden braucht.

Was die Setzung anbelangt, so werden zeitlich wie dem Ausmaß nach ungleichmäßige Setzungen, die auf einen variablen Untergrund zurückzuführen sind, auf ein Bauwerk stets ungünstiger einwirken und leichter zu Bauschäden Anlaß geben als gleichmäßig verlaufende Setzungen. Da bekanntlich mit steten Wechselwirkungen zwischen Bauwerk und Baugrund, und zwar vom Aushub der Baugrube an bis zum Teil längere Zeiträume nach Fertigstellung des Bauwerkes gerechnet werden muß, sollte bei jeder ingenieur-geologischen Begutachtung bzw. bei jeder Baugrundbegutachtung stets Baugrund und Bauwerk als eine geschlossene Einheit betrachtet werden. Vielleicht wird es sich bald als zweckmäßig erweisen, weniger Wert auf den zulässigen Sohldruck zu legen als vielmehr zu wissen, welche maximalen Setzungen ein bestimmtes Bauwerk aufnehmen kann. Die Frage nach der zulässigen Setzung für ein bestimmtes Bauwerk dürfte sicherlich in Zukunft weit mehr im Vordergrund stehen als die Frage nach der zulässigen Belastung des Untergrundes. Die Berechnung, wie groß werden die durch ein bestimmtes Bauwerk verursachten Setzungen sein, genügt allein nicht; von größerer Bedeutung wird immer sein, kann das Bauwerk diese Setzungen aufnehmen, ohne daß Schäden eintreten oder nicht.

Zur Beurteilung der Standsicherheit von Dämmen und Einschnitten müssen *Scherversuche* mit gestörten und ungestörten Bodenproben durchgeführt werden. Im Kreisring-Reibungsgerät nach OHDE wird eine zwischen gerippten porösen Platten vorhandene Bodenscheibe bei bestimmter Auflast durch stufenweise Erhöhung der Zugkraft abgeschert und so die Scherfestigkeit oder Schubfestigkeit bestimmt, die sich aus der inneren Reibung und bei bindigen Böden der Kohäsion zusammensetzt. Aus der graphischen Auftragung dieser Versuchswerte erhält man dann den Winkel der inneren Reibung, dessen Tangens auch als Reibungsbeiwert bezeichnet wird und der zur Berechnung der Böschungsneigung notwendig ist. Es scheint im Rahmen dieser Arbeit nicht notwendig, nähere Einzelheiten über die Durchführung und Auswertung der Druck- und Scherversuche hier zu bringen.

Um die scheinbare Porosität von natürlichen Gesteinsproben zu ermitteln, steht der Porenprüfer nach WAZAU zur Verfügung (Abb. 4). Durch Berechnung erhält man aus dem Raumgewicht (γ) und dem spezifischen Gewicht (s) unter Berücksichtigung des natürlichen Wassergehaltes das gesamte Porenvolumen (n), auch Dichtigkeitsgrad (d) genannt, d. h. das Verhältnis der vorhandenen Poren zum Gesamtvolumen. Die *wahre Porosität* (P) oder der Undichtigkeitsgrad ist der Rauminhalt der Hohlräume in der Raumeinheit, ausgedrückt in % des Rauminhaltes (V).

Unter der *scheinbaren Porosität* versteht man die Wasseraufnahme bei normalem Luftdruck in % des Volumens. Diese scheinbare Porosität ist für die Beurteilung der Durchlässigkeit von Gesteinen (Permeabilität), z. B. für Erdölbohrungen sowie für die Betonprüfung auf Wasserdurchlässigkeit im Talsperrenbau, von großer Bedeutung; denn nur diese Porosität, die sozusagen das offene Porensystem verkörpert, ist allein für die Durchlässigkeit maßgebend. An geschnittenen Gesteinsproben bestimmten Gewichts und Volumens kann man nach voraufgegangener vollständiger Trocknung bzw. Evakuierung unter destilliertem Wasser im luftverdünnten Raum die Wasseraufnahme bei normalem Druck, in kochendem Wasser sowie unter Verwendung des Porenprüfers nach WAZAU unter Druck bis zu 150 atü ermitteln.

Die wahre Porosität, die dem Porenvolumen von rolligen und bindigen Erdstoffen entspricht (= Verhältnis des Porenvolumens zum Gesamtvolumen) ist die Summe aller vorhandenen Poren, also auch der nach außen nicht in Erscheinung tretenden, des in sich geschlossenen Porensystems. Die wahre Porosität wird demnach praktisch stets einen höheren Wert zeigen als die scheinbare Porosität; nur im Idealfall, wenn alle Poren durchgehende Verbindungen nach außen aufweisen, sind gleichartige Werte zu erhalten (vgl. DIN/DVM 2102 „Prüfung von Natursteinen" und DIN/DVM 2103 „Prüfverfahren für natürliche Gesteine").

Zwei neuere wichtige Geräte des Erdbaulaboratoriums sollen hier noch kurz Erwähnung finden: das Proctorgerät und die Spitzendrucksonde. Das *Proctorgerät*, welches auch in der DDR im letzten Jahr Eingang gefunden hat, wird in Zukunft für die Beurteilung von Erdstoffen im Straßenbau eines der wichtigsten Geräte sein, sowohl im Laboratorium als auch im Gelände (Abb. 5).

Der Proctorversuch dient zur Ermittlung des optimalen Trockenraumgewichtes (Proctordichte) vor allem rolliger und leichtbindiger Erdstoffe und des hierfür notwendigen günstigsten Einbauwassergehaltes. Neben dem einfachen Proctorgerät, welches für die meisten Laborversuche und vor allem für Baustellenüberprüfungen ausreicht, mit einem Fallgewicht von 2,5 kg und einer Fallhöhe von 30 cm (Verdichtungsarbeit 6 cm kg/cm^3) benötigt man zur Überprüfung der Lagerungsdichte in Abhängigkeit vom Einbauwassergehalt namentlich für den Bau von Flugplätzen (Rollbahnen, Pisten usw.) das sogenannte verbesserte Proctorgerät. Beim verbesserten Proctorgerät wird eine höhere Verdichtung erreicht durch Verwendung eines Fallgewichtes von 4,5 kg bei einer Fallhöhe von 45 cm (Verdichtungsarbeit 27 cm · kg/cm^3). Das Arbeiten mit dem verbesserten Proctorgerät auf längere Dauer bedeutet für den Laboranten einen erhöhten körperlichen Einsatz und erhöhte Belastung. Infolge dankenswerter Unterstützung seitens der Deutschen Lufthansa konnte kürzlich die Idee des Verfassers, ein mechanisiertes Proctorgerät zu konstruieren, durch die Firma Rauhut verwirklicht werden (Abb. 5). Dieses vollmechanisierte Proctorgerät konnte anläßlich der Tagung der Ingenieurgeologen am 23. und 24. 1. 1958 im Erdbaulaboratorium vorgeführt werden. Die Konstruktion kann grundsätzlich als durchaus gelungen angesehen werden, wenn auch noch weitere Verbesserungen, wie z. B. schnellere Schlagfolge, automatische Ausschaltung nach 25 Schlägen, angebracht werden sollen.

Die Ermittlung der natürlichen Lagerungsdichte rolliger Erdstoffe in größerer Tiefe läßt sich durch Entnahme ungestörter Proben aus Schürfen und vor allem aus Bohrungen nicht befriedigend durchführen. Um in einem solchen Gelände Bohrungen einzusparen, arbeitet man vielfach mit Rammsonden. Aus dem Eindringen dieser Sonden in Abhängigkeit von der Schlagzahl (bei konstanter Arbeitsleistung) kann man Rückschlüsse auf die Lagerungsdichte der rolligen Untergrundschichten ziehen. Die DEGEBO (Deutsche Gesellschaft für Bodenmechanik, Berlin-Charlottenburg) arbeitet seit einigen Jahren mit einer *Spitzendrucksonde* (Abb. 6), wobei der Eindringungswiderstand, unter weitgehender Ausschaltung der Mantelreibung, durch Entspannen einer im Spitzenkopf angebrachten schwingfähig gespannten Meßsaite an einem Maihak-Zeigerinstrument gemessen wird. Die DEGEBO hat dieses Gerät wiederholt mit Erfolg eingesetzt, allerdings im allgemeinen nur bei rolligem Untergrund. Es wird daher notwendig sein, auch der Frage nach der Verwendungsfähigkeit der Spitzendrucksonde bei vorwiegend bindigen Erdstoffen, wobei der jeweilige natürliche Wassergehalt von entscheidender Bedeutung sein dürfte, auf Grund von Paralleluntersuchungen mit ungestörten Erdproben aus den üblichen Bohrungen, nachzugehen.

Mit einem kurzen Hinweis, daß selbstverständlich auch Untersuchungen von Erd- und Wasserproben auf betonangreifende Bestandteile durchgeführt werden, kann das wichtigste Arbeitsgebiet des Erdbaulaboratoriums, Unterstützung der Ingenieurgeologie und Baugrundbegutachtungen, im wesentlichen als abgeschlossen angesehen werden. Es sei erwähnt, daß wir noch in diesem Jahr ein modernes Dreiaxialgerät von der TH Dresden erhalten und ein für den Straßenbau und den Bau von Flugplätzen sehr wichtiges Plattendruckgerät (VSS Gerät) nachbauen werden.

Die wichtigsten Untersuchungsmethoden, die im Erdbaulaboratorium zur Durchführung gelangen und die hierfür vorhandenen Apparaturen wurden besprochen. Ein näheres Eingehen auf die meisten Methoden erübrigt sich hier, da vieles vorausgesetzt oder aber in Lehrbüchern nachgelesen werden kann. Es handelt sich vor allem darum einmal zu zeigen, was das Erdbaulaboratorium für das Baugeschehen zu leisten vermag. Die Geologischen Dienste und andere Stellen der Bauplanung und Projektierung werden so einen Überblick erhalten, für welche Probleme das Erdbaulaboratorium Unterstützung gewähren kann und wie man kleinere bodenphysikalische Laboratorien einrichten sollte, um gewisse einfache Untersuchungen selbst durchführen zu können. Auf die einfacheren bodenphysikalischen Methoden und daraus abzuleitenden Folgerungen, besonders für das Baugeschehen, wurde bewußt größerer Wert gelegt, da gerade diese Kennziffern für die bodenphysikalischen Laboratorien der Geologischen Dienste in Verbindung mit einer Erweiterung und Vertiefung der Dokumentation der ingenieurgeologischen Begutachtung und Kartierung bereits im Stadium der Vorplanung von besonderem Wert erscheinen.

Abb. 5. Proctorgeräte; einfaches Proctorgerät (links unten), verbessertes Proctorgerät (Mitte), mechanisiertes verbessertes Proctorgerät (rechts)

Abb. 6. Spitzendrucksonde Kombiwagen mit Anhänger (Ausrüstung für Spitzendrucksonde)

Das Erdbaulaboratorium ist noch mit weiteren wichtigen Untersuchungen der Erkundung und technischen Eignung von Tonen (für Dickspülungen, für bautechnische Belange, als Bindeton für Formsand usw.) und Sanden (Bausand, Formsand, Glassand usw.) beschäftigt, wobei u. a. auch moderne Untersuchungsmethoden und Gerätschaften herangezogen werden. Über diese letzte Tätigkeit ist in dieser Zeitschrift ein gesonderter Artikel geplant.

Literatur

BEHR, J. & R. KÖHLER: Beitrag zur praktischen Auswertung der Bodenanalyse. – Mitt.Lab.preuß. geol. Landesanst. Heft 11, S. 15 – 34 (1930).

DIENEMANN, W & R. KÖHLER: Einige Beispiele aus dem Gebiet der Baugrundgeologie. – Z. prakt. Geol. 46, S. 5/14 und 27/34, (1938).

– : Zur Beurteilung der Kornverteilung von Bodenproben ohne mechanische Analyse. – Die Bautechnik, 28. Jahrg., Heft 3, S. 58/60 (1951).

KÖHLER, R.: Über einige moderne bodenphysikalische Untersuchungen für Baugrundfragen. – J. preuß. geol. Landesanst., Band 56, S. 168 bis 191 (1935).

– : Über die Beziehungen der Rutschneigung von Böden und deren physikalisch-chemischen Eigenschaften. – J. preuß. geol. Landesanst., Band 57, S. 475/486 (1936).

– : Die Bedeutung bodenphysikalischer Kennziffern für geologische Baugrundgutachten. – Planen und Bauen, 5. Jahrg., Heft 16, S. 377/381.

– : Gedanken zur Frage der Anwendung von Hydraton im Talsperrenbau. – Z. angew. Geol. 1957, Heft 7, S. 323/327.

– : 5 Jahre Ingenieurgeologie. Z. angew. Geol., 1957, Heft 11/12, S. 565.

KÖHLER, R. & J. HELLMERS: Bodenphysikalische und mineralogische Beschreibung eines Lößvorkommens aus dem Tal des Wardak in Afghanistan. – Z. prakt. Geol. 46, S. 207/211 (1938).

KÖHLER, R. & A. POTONIÉ: Faulschlammpressung auf den Freiheitswiesen bei Spandau. – J. preuß. geol. Landesanst., Band 57, S. 165 – 185 (1936).

LOEBE, R. & R. KÖHLER: Über den Schulze-Harkot'schen Schlämmapparat und die Frage seiner Verwendbarkeit in der Bodenkunde. – Mitt. Lab. geol. Landesanst. Heft 16, S. 3/12 (1932).

– : Beitrag zur Praxis der Sedimentationsanalyse. – Mitt. Lab. preuß. geol. Landesanst., Heft 17, S. 3/16 (1932).

– : Zur Frage der Zuverlässigkeit der mechanischen Bodenanalyse. – Mitt. Lab. preuß. geol. Landesanst. Heft 18, S. 19/48 (1933).

LOEBE, R., R. KÖHLER & A. ABEL: Vergleichsuntersuchungen über die Tonbestimmungen in Böden. – Mitt. Lab. preuß. geol. Landesanst. Heft 21, S. 3/21 (1935).

OHDE, J.: Neue Erdstoff-Kennwerte. – Die Bautechnik, 27. Jahrg., Heft 11, S. 1/7 (1950).

Der Begriff „Petrochemie"

ERICH LANGE, Berlin

Wir stellen die folgenden Zeilen zur Diskussion und bitten unsere Leser gegebenenfalls um Vorschläge zum gleichen Thema. Die Redaktion

Die Bezeichnung „Petrochemie" wird in der deutschen Nomenklatur für zwei völlig verschiedene Begriffe verwendet. Am verbreitetsten ist die unter a) gegebene Definition:

a) *Petrochemie ist derjenige Zweig der modernen Großchemie, der als Rohstoffbasis für seine Verarbeitungsprozesse Erdöl, Erdgas oder Erdölderivate auswertet.* Dieser Industriezweig und seine Bezeichnung entstanden in den USA, und beide haben sich von dort aus international verbreitet. Petrochemie heißt also soviel wie Chemie auf Petroleumbasis, wobei jedoch gegenwärtig an die Stelle von Petroleum Erdöl und Erdgas getreten sind. Die Petrochemie ist an die Stelle der chemischen Kohleverarbeitung getreten, soweit diese Rohkohle, Teere oder Kohlengase als Ausgangsbasis benutzt. Die beiden großen Zweige der natürliche Kohlenstoffe verarbeitenden chemischen Industrie sind also die ältere Kohlenchemie und die jüngere Petrochemie.

b) *Petrochemie* wird in Deutschland und einigen anderen Ländern daneben noch etwa analog dem Begriff „Geochemie der festen Gesteine" gebraucht. Der Begriff *Petro*chemie erscheint hier gewissermaßen als Gegenpart zu dem Begriff *Petro*graphie. Die letztere befaßt sich mit der Beschreibung der gegenwärtig zu beobachtenden gebirgsbildenden Mineralverbände, die Petrochemie mit ihrer geochemischen Bildung und Entstehung.

Es fragt sich nun, ob es nötig ist, gewisse geochemische Vorgänge als „petrochemische" auszusondern. Es dürfte sich gleichbleiben, ob man von „geochemischen" oder „petrochemischen" Vorgängen spricht, die zu gewissen Bildungen von Mineralverbänden führten, die wir heute in Dünn- oder Anschliffen beobachten können. Der Begriff „Geochemie" ist klarer und seit Jahrzehnten weitgehend in Gebrauch; ein Bedürfnis, ihn durch den unklaren Begriff „Petrochemie" einzuengen, dürfte kaum gegeben sein.

Verf. möchte daher vorschlagen, daß man die Bezeichnung *Petrochemie* auf die technische Verarbeitung von Erdöl und Erdgas beschränkt, die geochemischen Vorgänge innerhalb der Erdrinde aber als geochemische oder petrologische (statt als petrochemische) beschreibt. Der Vorschlag, statt Petrochemie „Petrolchemie" zu sagen, erscheint Verf. wenig angebracht, da der Begriff Petrochemie als Gegenpart zu „Kohlenchemie" sich bereits zu sehr international eingebürgert hat. In „Erdöl und Kohle" kann man z. Z. des öfteren feststellen, daß in *einem* Heft für den *gleichen* Begriff einmal der Ausdruck Petrochemie und dann wieder Petrolchemie gebraucht wird.

PIERRE LAFFITTE[1]) hat kürzlich vorgeschlagen, neben den Begriff Petrochemie den Begriff „Petrologie" zu stellen. Der Petrograph beschreibt den gegenwärtigen Gesteinszustand, während der Petrologe die Vorgänge, die zu seiner Bildung führten, interpretiert und klarlegt, also mehr von geochemischer Seite aus arbeitet.

Vielleicht sollte man seinen Vorschlag auch in die deutsche Terminologie übernehmen und die *mineralogische* Bezeichnung „Petrochemie" durch „Petrologie" ersetzen.

[1]) PIERRE LAFFITTE „Introduction a l'ètude des roches Métamorphiques et des gites Métallifères", Paris 1957, S. 4–5.

5. Jahrestagung der Geologischen Gesellschaft in der Deutschen Demokratischen Republik vom 24. bis 28. April 1958 in Stralsund

ILSE WASBUZKY & DIETER BACH

Die diesjährige Jahrestagung der Geologischen Gesellschaft in der DDR fand in Stralsund statt. Dem Charakter der Tagung entsprechend war die Wahl des Tagungsortes auf die alte Hansestadt am Strelasund gefallen. Zur Diskussion standen vor allem Probleme des tieferen Untergrundes von Norddeutschland sowie Fragen der Quartärgeologie und verwandter Gebiete.

Am 24. April 1958 wurde im Saal des Klubhauses der Volkswerft Stralsund die Jahrestagung durch den ersten Vorsitzenden der Geologischen Gesellschaft, Prof. Dr. WATZNAUER, Freiberg, eröffnet. Er würdigte am Anfang die Verdienste des vor kurzem verstorbenen Ehrenvorsitzenden der Gesellschaft, Nationalpreisträger Prof. Dr. S. v. BUBNOFF.

Die Teilnehmerzahl erreichte mit 450 Anwesenden eine beachtliche Höhe. Erfreulich war die Tatsache, unter den Anwesenden zahlreiche westdeutsche Gäste sowie Delegationen aus der Sowjetunion, den Volksrepubliken Polen und Bulgarien sowie der ČSR begrüßen zu können.

Der Leiter der Staatlichen Geologischen Kommission überbrachte der Tagung die Grüße der Regierung und wünschte derselben einen guten Verlauf. Er wies in seinen Worten auf die Wichtigkeit der Erkundung des norddeutschen Flachlandes und seines Untergrundes hin und betonte, daß die Regierung der DDR große Mittel zur Forcierung des Erkundungsprogrammes in diesem Gebiet bereitgestellt hat.

Am nächsten Tag fand die Mitgliederversammlung der Gesellschaft statt.

Auf Vorschlag des Vorstandes wurde die Stiftung einer „von Bubnoff-Medaille" beschlossen. Unter allgemeiner Zustimmung wurde als erster der um die Geologie Mitteldeutschlands verdiente Prof. Dr. PIETZSCH, Freiberg, ausgezeichnet.

Der 1. Vorsitzende, Prof. Dr. WATZNAUER, konnte in seinen Ausführungen ein beachtliches Wachstum der noch recht jungen Gesellschaft bekanntgeben und feststellen, daß auch das wissenschaftliche Leben im Aufblühen begriffen ist. Dies spiegelt sich in sechs Vortrags- u. Exkursionstagungen während der vergangenen zwei Jahre sowie in der Bildung von zwei Arbeitskreisen und drei örtlichen Sektionen wider (Leipzig, Jena und Berlin).

Anschließend erfolgte die Wahl des neuen Vorstandes, in dem Prof. Dr. WEHRLI, Greifswald, zum 1. Vorsitzenden und Dipl.-Berging.-Geologe STAMMBERGER, Berlin, zum 2. Vorsitzenden ernannt wurden.

Es ist unmöglich, von allen 39 Vorträgen eine kurze Inhaltsangabe zu bringen, zumal dieselben in Kürze in den Publikationen der Geologischen Gesellschaft veröffentlicht werden sollen. Aus diesem Grunde sind nachfolgend nur einige Vorträge erwähnt:

Dr. KÖLBEL, Berlin: *Stand und Ergebnisse der Kartierung des tieferen Untergrundes NO-Deutschlands und angrenzender Gebiete*

Der Vortragende bemerkte einleitend, daß seine Ausführungen ein erster skizzenhafter Versuch sind, die paläogeographischen Verhältnisse der mitteldeutschen Senke kartenmäßig darzustellen.

Nach neueren Erkenntnissen reicht das Kristallin von Fennosarmatia bis Jütland; ein Ecksporn erstreckt sich bis England. Das Altpaläozoikum bis einschließlich Ordovizium ist nur geringmächtig. Erst im Gotland ändern sich — vor allem im Ostbaltikum — die Verhältnisse, und es kamen 900—1000 m Sedimente — vorwiegend Sande und Tone — zur Ablagerung, die besonders im sowjetischen Gebiet außerordentlich ölhöffig sind.

Mit der jungkaledonischen Faltung ist eine starke Regression verknüpft, und erst allmählich bildet sich die varistische Geosynklinale heraus.

Das Jungpaläozoikum trägt wieder kontinentalen Charakter. Festzustellen ist, daß die Ablagerungsräume in den einzelnen Epochen sehr stark wechseln. Im Zechstein liegt im Norden ein ausgedehntes Gebiet mit geringer Sedimentation, so daß in Mecklenburg die Möglichkeit besteht, eine Schwellen- oder Randfazies anzutreffen.

Für den Buntsandstein konnte bereits eine Mächtigkeitskarte gezeichnet werden. Es wurden Mächtigkeiten bis 1000 m festgestellt, während der Muschelkalk nur etwa 300 m aufweist. Während dieser Zeit erfolgt in Polen offenbar eine Verlagerung des Beckens nach SW.

Im Keuper ist der Verlauf der Beckenachse der gleiche, und es erfolgt eine Ausweitung nach Norden.

Im Rhät-Lias tritt eine Verlagerung nach Dänemark ein, da rhät-liassische Sedimente auf Jütland und Fünen fehlen. Die polnisch-dänische Straße scheint nachgewiesen zu sein.

Im Dogger wird das paläogeographische Bild recht kompliziert. Es setzt eine Vergitterung und Bildung von Spezialtrögen ein, die wohl durch spezielle Salzbewegungen zu erklären sind. Die Mächtigkeiten erreichen 700 bis 1000 m.

Der Gifhorner Trog dürfte sich über Mecklenburg bis in die Gegend der Oder-Mündung fortsetzen.

Im Malm und vor allem im Portland setzen starke Regressionen ein, die in der Unterkreide, unterbrochen durch die Apt-Alb-Transgression, noch andauern.

In der Oberkreide kommt es schließlich zur Herausbildung eines nordwestdeutschen und eines dänisch-polnischen Beckens. Die Karte zeigt starke Vergitterungen rheinischer, herzynischer und erzgebirgischer Richtungen.

Prof. Dr. POŻARYSKI, Warschau: *Die dänisch-polnische Geosynklinale*

Der Vortragende sprach über die Entwicklung der dänisch-polnischen Geosynklinale im Laufe der Erdgeschichte.

Die Nordbegrenzung der Geosynklinale wird durch den steil nach SW abfallenden Rand von Fennoskandien gebildet, während der S-Teil dem Vorland des ukrainischen Schildes aufliegt.

Die mesozoischen Schichten häufen sich nach POŻARYSKI in Randsynklinalen. In der Achse der Geosynklinale selbst bildet sich eine Antiklinale aus, die innerhalb des polnischen Synklinoriums liegt.

Anhand eines reichen Kartenmaterials beginnt der Vortragende seine speziellen Ausführungen über die Bildung der Varisciden. — Anschließend berichtet er über die Entwicklung der Geosynklinale im Buntsandstein, Muschelkalk und Keuper. Allgemein kann festgestellt werden, daß das fennoskandische Festland keinen deutlichen Einfluß auf die Triasbildungen hatte.

Die Verbreitung der Jura- und Kreidesedimente wird von dem Vortragenden einer genauen Analyse unterzogen.

Im Anschluß daran spricht er über die Bewegungstendenzen der Geosynklinale und über deren Auspressung am Rande des Baltischen Schildes.

Dr. WEHRLI, Greifswald: *Neue Bearbeitung der Rügenschen Foraminiferen*

Die Vortragende ging im ersten Teil des Referates auf die sich in den letzten Jahren innerhalb der Mikropaläontologie herausgebildete neue Arbeitsweise ein.

1. Es müssen vor allem die Foraminiferenarten bearbeitet werden, die eine große horizontale Verbreitung besitzen und sich oft zu einer weltweiten Biostratigraphie verwenden lassen.
2. An erster Stelle werden die Arten untersucht, die eine schnelle phylogenetische Entwicklung zeigen und sich so zu einer Feinstratigraphie verwenden lassen.
3. Die oben angeführten Arten müssen taxionomisch exakt bearbeitet werden, wobei die große Variationsbreite der einzelnen Arten voll erfaßt und berücksichtigt werden muß.

Anschließend sprach die Vortragende über die stratigraphische Stellung der Rügenschen Schreibkreide, die nach den Belemnitenuntersuchungen von JELETZKI ins Obercampan bis Untermaastricht gehört (*Mucronata-lanceolata*-Zone). Auf Tabellen wurde die Verbreitung der Belemniten und der Bolivinoidesarten in der Rügenschen Kreide angeführt.

Von der Vortragenden wurden aus 6 Komplexen alle 80 cm Proben von 500 g entnommen, aufbereitet und die in den Rückständen vorhandenen Bolivinoidesarten untersucht. Es ergab sich, daß verschiedene in NW-Deutschland gut bekannte Bolivinoidesarten im Bereich der Rügenschen Schreibkreide eine viel längere Lebensdauer besitzen als in den nordwestdeutschen Gebieten.

Dr. WEHRLI kommt nach ihren Untersuchungen der Mikrofauna zu dem Ergebnis, daß die bis jetzt untersuchten Komplexe der Kreide alle ins Untermaastricht (*Lanceolata*-Zone JELETZKIs) gehören. Anzeichen für ein Obercampanalter der Rügenschen Schreibkreide sind ihrer Ansicht nach nicht vorhanden.

Das von JELETZKI angegebene Obercampan und obere Untermaastricht kann sich vielleicht in den noch nicht untersuchten Teilen der Rügenschen Kreide verstecken.

Ein endgültiges Ergebnis kann erst nach Beendigung der Untersuchungen der gesamten Rügenschen Schreibkreide vorgelegt werden.

Dipl.-Geol. E. WIENHOLZ, Ludwigslust: *Mikropaläontologische Ergebnisse aus dem Unter- und Mittellias einiger Bohrungen in W-Mecklenburg*

Die Vortragende berichtet über die Ergebnisse ihrer mikropaläontologischen Untersuchungen. Es ist ihr gelungen mit Hilfe verschiedener Foraminiferenarten im Lias eine Feinstratigraphie durchführen zu können. Ihre Beobachtungen über die Lingulinenverteilung in den Bohrungen W-Mecklenburgs zeigen neue, gute Möglichkeiten einer stratigraphischen Gliederung. Die Aufeinanderfolge der einzelnen Arten der Lingulinen war anhand von Zeichnungen klar zu erkennen.

Neben der Lingulinenverteilung können durch genauere Bolivinenuntersuchungen der Lias γ und Lias δ besser getrennt werden. Eine Verbreitungstabelle der verschiedenen Foraminiferen und Ostracoden gab einen großen Überblick über den heutigen Stand der Lias-Stratigraphie in den Bohrungen W-Mecklenburgs. Zum Abschluß ging die Vortragende auf die großen Schwierigkeiten bei der Abgrenzung des Lias α ein, der in ihrem Arbeitsbereich durch eine starke Verzahnung limnischer und mariner Abfolgen gekennzeichnet ist.

Dr. THOMAS, Leipzig: *Strukturelemente im Norden der DDR nach den Ergebnissen seismischer Refraktionsmessungen* (vorgetragen von Dr. MARTIN)

Anhand einer Laufzeitkarte, die nur die reinen Meßergebnisse wiedergab, erläuterte der Vortragende die Strukturelemente zwischen dem Flechtinger Höhenzug und der Ostsee. Der Flechtinger Wall selbst hebt sich durch seine für ihn typischen Laufzeitkurven im Süden gut von seiner Umgebung ab. Ein wichtiges Strukturelement für die Erdölerkundung ist im NW der DDR die Altmark-Senke, die in sich selbst in zwei Abschnitte gegliedert werden muß. Während im NW-Teil der Senke rundliche und ovale Strukturen (z. B. Altvater) ohne eine bestimmte orientierte Richtung vorherrschen, ist der SO-Abschnitt durch schmale, gerade und sehr lange Strukturen gekennzeichnet.

Im Anschluß an die Besprechung der Altmark-Senke sprach der Vortragende über den vom Lausitzer Massiv aus sehr weit nach N vorragenden Sporn, der südöstlich der Altmark-Senke verschwindet. Dieses Triasantiklinorium ist durch die Bohrungen Buchholz und Staakow gut untersucht. Im N der Altmark-Senke verschwindet das vorherrschende herzynische Element. Im Prignitz-Block, der durch große Tertiärtiefen gekennzeichnet ist, tritt jetzt die rheinische Streichrichtung immer mehr in den Vordergrund.

Der Vortragende sprach ferner über die verschiedenen Strukturelemente im N und O von Berlin, über die Ergebnisse der seismischen Untersuchungen in Mecklenburg und im Raume von Rostock.

Aus Zeitmangel konnte der Vortragende leider die gut dargebotene Übersicht der Strukturelemente der DDR nicht beenden.

Dipl.-Geoph. REINHARDT, Leipzig: *Korrelation eines wahrscheinlich an der Zechsteinbasis liegenden reflexionsseismischen Horizontes im Nordwestteil der DDR*

Die verbesserten Apparaturen vom VEB Geophysik gestatten es nunmehr, auch in größere Tiefen vorzudringen, die Diskordanz zwischen präsalinarem Grundgebirge und postsalinarem Deckgebirge zu erfassen und in den präsalinaren Untergrund vorzustoßen.

Von dem wahrscheinlich an der Zechsteinbasis liegenden Z-Horizont wurde eine Tiefenlinienkarte angefertigt. Ziel dieser Karte war, das Relief des Z-Reflektors zu ermitteln. Die Geschwindigkeit des Z-Horizontes wurde in guter Übereinstimmung mit 4000 m/sek angesetzt.

Die Untersuchungen ergaben, daß bei der Struktur Gorlosen der Zechsteinbasishorizont in 3500 m Tiefe liegt. Die Tiefenlinien streichen generell herzynisch, und es kann eine allgemeine Laufzeitabnahme und damit höhere Geschwindigkeit in Richtung auf die Altmark beobachtet werden. Auf Grund dieses Bildes zeichnet sich eine Altmark-Südwest-Mecklenburg-Schwelle ab, die im magnetischen und gravimetrischen Bild ebenfalls angedeutet ist. An diese Schwelle schließt sich im Pritzwalker Raum eine Senke an, die besonders durch die Lage des Z-Reflektors in 4500 m Tiefe deutlich wird. Eine gute Übereinstimmung mit den Verhältnissen in Holstein ist zu verzeichnen. Im Gebiet der DDR liegen aber Schwerehoch und Senke übereinander. Die Ablagerungen waren hier nicht so mächtig. Ihre Menge wird durch die Zahl und die Größe der Salzstöcke charakterisiert. Die Sedimentation setzt auch etwas später ein, so daß man von einem Schwellencharakter des Gebietes sprechen kann.

Der Vortragende stellte fest, daß die genaue stratigraphische Deutung des Z-Reflektors noch aussteht und deutete abschließend an, daß in einigen Gebieten unter dem Z-Horizont noch einige Reflexionshorizonte gefunden wurden.

Abschließend muß bemerkt werden, daß die große Anzahl von Vorträgen teilweise zu einer Kürzung und zum vorzeitigen Abbruch einzelner Ausführungen zwang. Die Diskussion mußte meist aus Zeitmangel unterbleiben. Künftig sollten weniger Vorträge oder mehr Vortragsreihen vorgesehen werden, um dadurch einen eingehenden Gedankenaustausch pflegen zu können.

Im Anschluß an die Tagung fanden sieben Exkursionen statt, die in der Hauptsache den Lagerungsverhältnissen des Pleistozäns und der Kreide an der Ostseeküste im Raum Rostock, Rügen und Usedom galten.

Lesesteine

Die kapitalistischen Widersprüche in der Erdölindustrie der USA

„Erdöl und Kohle" veröffentlicht in seinem Märzheft 1958, S. 206—207, einen sehr bemerkenswerten Beitrag über die Lage der amerikanischen Erdölindustrie. Wir bringen im folgenden einige Auszüge aus diesem Aufsatz, die deutlich zeigen, wie die kapitalistischen Widersprüche in der nordamerikanischen Erdölindustrie den Fortschritt und die Weiterentwicklung hemmen.

„Die Erdölindustrie der USA befindet sich gegenwärtig in der schwierigsten Lage seit dem Ende des zweiten Weltkrieges. Nachdem sie sich an beträchtliche jährliche Steigerungen der Förderung, der Einfuhr und des Absatzes nachgerade gewöhnt hatte, sieht sie sich jetzt der Tatsache eines Rückganges auf allen Sektoren gegenüber, der überdies nicht einmal von kurzer Dauer oder vorübergehender Natur sein dürfte. Trotz der erst kürzlich vorgenommenen Herabsetzung der Texas-Förderquote auf 9 Tage, trotz der freiwilligen Einfuhrbeschränkungen und der Drosselung des Raffineriedurchsatzes wachsen die Lagerbestände sowohl be Rohöl als auch bei Erdölerzeugnissen weiter, während der Bedarf, der sich im Jahre 1957 wenigstens auf der Höhe des Vorjahres gehalten hatte, nunmehr deutlich eine fallende Tendenz zeigt."

„Die seit Kriegsende übliche Expansionsrate von fast 6% pro Jahr wird aber zunächst wahrscheinlich nicht wieder erreicht werden; vielmehr erscheint es vernünftiger, für die nächsten 10 Jahre nur mit einer Rate von 3—3,5% pro Jahr zu rechnen. In der nahen Zukunft wird sogar voraussichtlich überhaupt kein Zuwachs eintreten. Der Bedarf wird im Gegenteil im Jahre 1958 mit ziemlicher Sicherheit geringer sein als 1957 oder 1956. Für 1959 ist ein bescheidener Bedarfszuwachs zu erwarten, aber gleichzeitig wird die Industrie noch unter der Last großer Vorräte leiden, so daß die Erdölförderung sich langsamer erhöhen wird als der Bedarf. Wenn keine unvorhergesehenen Ereignisse eintreten, wird es, nach Auffassung zahlreicher Sachverständiger, noch bis 1960 dauern, bis sich die Erdölindustrie von den gegenwärtig zusammentreffenden Belastungen durch Überproduktion und Bedarfsrückgang erholt.

Die zur Milderung dieser Belastungen unternommenen Schritte sind hier und da recht schmerzhaft. Der Raffineriedurchsatz ist im Vergleich zum Vorjahr um 16—18% gedrosselt worden, und die Rohölförderung liegt um mind. 8% unter dem Stand vom März 1957. In Texas, wo fast die Hälfte der einheimischen Produktion der USA gefördert wird, liegt die Produktionsrate sogar um volle 33% unter dem Vorjahresstand."

Die Regierung hat den Importeuren von Rohöl empfohlen, ihre Einfuhren zu beschränken. „Da aber das Importbeschränkungsprogramm völlig freiwillig ist, kann niemand die Gesellschaften daran hindern, Öl auch ohne genehmigte Quote einzuführen, wobei sie sich allerdings der Mißbilligung seitens der öffentlichen Meinung aussetzen. Vor allem aus diesem Grunde fordern die einheimischen Rohölproduzenten z. Z. so nachdrücklich die sofortige Einführung von zwangsweisen Beschränkungen, und zwar möglichst in Form eines Gesetzes und nicht nur einer Verwaltungsanordnung. Die Regierung EISENHOWER zögert, diese Forderungen zu erfüllen. Sie hat sich offiziell zu einer Politik des freien Handels bekannt und will gerade jetzt nur höchst ungern von dieser Linie abweichen, indem sie die Einfuhr eines der für Amerika wichtigsten Rohstoffe zwangsweise beschränkt. Wenn sie dies aber nicht tut, dann könnten die Abgeordneten der Ölstaaten die gesamte Außenhandelspolitik der Regierung, über die gerade jetzt im Kongreß debattiert wird, zu Fall bringen."

Die nordamerikanische Erdölwirtschaft ist also durch die allgemeine Wirtschaftskrise stark betroffen worden. Schon am Ende des laufenden Jahres wird man auf Grund der

Fördersteigerungen deutlich erkennen, daß die Erdölindustrie des sozialistischen Sektors in der Weltölförderung prozentual einen großen Schritt vorwärts gekommen sein wird. Während in der Sowjetunion eine Förderzunahme von 15—20 Mio t zu erwarten ist, wird demgegenüber ein erheblicher Rückgang in der Förderung der USA stehen.

Auch in der Erdölindustrie zeigt sich der Vorteil der sozialistischen Planwirtschaft gegenüber den anarchischen Tendenzen der kapitalistischen Wirtschaftsweise, die sich aus ihren eigenen Widersprüchen nur durch ihre Auflösung und die Umstellung auf sozialistische Produktionsweise befreien kann. E.

Besprechungen und Referate

JERSCHOW, W. A.

Die geologischen Arbeiten in der Ukraine in vier Jahrzehnten Sowjetmacht

„Erkundung und Lagerstättenschutz" (russ.), Nr. 12/1957

Zu Beginn des ersten Weltkrieges war die Ukraine die wichtigste Basis des zaristischen Rußlands hinsichtlich Kohle-, Eisenerz- und Manganerzförderung. Mit der Untersuchung der Steinkohlenvorkommen im Donbaß war bereits zu Zeiten Peters I. begonnen worden. Die schon den Skythen bekannte Eisenerzlagerstätte von Kriwoj Rog wurde seit 1881 nach kapitalistischen Gesichtspunkten abgebaut. Auf der 1886 erschlossenen Manganerzlagerstätte Nikopol begann 3 Jahre später der Abbau. Seit der Gründung des Allrussischen Geologischen Komitees im Jahre 1882 hatte unter Leitung von G. P. GELMERSEN eine systematische geologische Untersuchung der Ukraine begonnen.

Diese erste Etappe geologischer Arbeiten dauerte bis zur Großen Sozialistischen Oktoberrevolution. Die nun folgende wird durch unvergleichlich größere Maßstäbe und planmäßige Lenkung im Interesse der Volkswirtschaft gekennzeichnet. Besondere Aufmerksamkeit gilt der Heranbildung junger Kader, die im Berginstitut von Dnepropetrowsk, der Universität Kiew, dem Montangeologischen Institut von Kiew und der Universität Charkow vorgenommen wird. Etwa mit Beginn des 1. Fünfjahrplans hatten die ersten jungen Geologen ihre Ausbildung in diesen Instituten und Universitäten abgeschlossen.

Während des 1. Fünfjahrplans (1928—1932) erhöhte sich, bedingt durch die Erfordernisse der Volkswirtschaft, der Umfang der geologischen Erkundungsarbeiten besonders stark. Erkundet wurden Lagerstätten der als Flußmittel in der Metallurgie zu verwendenden Kalksteine und Dolomite, ferner feuerfeste Tone und Kaolin, Quarzite, Graphit, Bausteine, Rohstoffe für die Zementherstellung und andere Nichterze.

Zur gleichen Zeit wurde das Aufsuchen und Erkunden von Eisen- und Manganerzen und von Steinkohlen (besonders Kokskohlen) im Donbaß intensiviert. In dieser Zeit wurde auch die Eisenerzlagerstätte auf der Halbinsel Kertsch entdeckt, deren Brauneisensteine vanadinhaltig sind. Die Grenzen des Erzbezirks von Kriwoj Rog wurden festgelegt. P. I. STEPANOW und A.A. DUBJANSKIJ erkannten, daß der Donbaß ein größeres Gebiet umfaßt.

1932 sprach N. S. SCHATSKIJ die Vermutung aus, daß die Dnepr-Donez-Senke auf Grund ihrer Salzkuppelstrukturen ölhöffig sei; dies wurde durch Bohrungen bestätigt. Innerhalb des Ukrainischen Massivs wurden Piëzoquarz- und Ilmenitlagerstätten gefunden.

Der Große Vaterländische Krieg der Sowjetunion setzte diesen fruchtbaren Arbeiten der sowjetischen Geologen zeitweilig ein Ende. Der Wiederaufbau des geologischen Dienstes nahm fast drei Jahre in Anspruch, und erst im Jahre 1947 beginnt eine besonders erfolgreiche Periode in der Geschichte der geologischen Untersuchung der Ukraine.

Der Umfang der Kernbohrungen wird wesentlich erweitert; die Leistung je Gerät und Monat wächst auf das Elffache, die Meterzahl auf das Zwanzigfache gegenüber dem Stand von 1940 (1940 betrug die Leistung je Gerät und Monat in lfd. Metern 39 m, 1947 432 m; 1940 wurden 42105 m erbohrt, 1947 bereits 889290 m).

Auf Grund der Bohrungen, der geophysikalischen Untersuchungen und der Kartierungsarbeiten gelangten die sowjetischen Wissenschaftler zu neuen, genaueren Vorstellungen über den Bau des Donbaß, der Dnepr-Donez-Senke und des Ukrainischen Massivs.

Im letzten Jahrzehnt wurden im Ukrainischen Massiv Chromit-, Nickel- und Bauxitlagerstätten gefunden, die vor dem zweiten Weltkrieg in der Ukraine nicht bekannt waren.

Von großer theoretischer Bedeutung sind petrographische, stratigraphische, tektonische und metallogenetische Arbeiten im ukrainischen Präkambrium.

In der Bruchzone zwischen Wolhynisch-Podolischer Tafel und der Karpatenvortiefe wurde eine Schwefellagerstätte gefunden.

P. L. SCHULGA beschrieb das früher in der Ukraine nicht bekannte Kambrium und untersuchte eingehend die ordovizischen, gotlandischen und devonischen Schichten der Ukraine. Zu den Resultaten des letzten Jahrzehnts geologischer Arbeiten in der Ukraine gehört auch die Entdeckung reicher Steinkohlenvorkommen in der Syneklise bei Lwow.

W. OESTREICH

MJAGKOW, W. M.

Die Entwicklung der mineralischen Rohstoffbasis Kasachstans in 40 Jahren

„Erkundung und Lagerstättenschutz" (russ.), Nr. 12/1957

Der Autor behandelt eingangs die Kartierungsarbeiten, die die Grundlage für die planmäßige geologische Erschließung bildeten. Vor der Großen Sozialistischen Oktoberrevolution existierten in dem Gebiet Kasachstans nur einige wenige Routenaufnahmen. Die planmäßige geologische Kartierung Kasachstans im Maßstab 1:500000 und 1:200000 begann im wesentlichen erst mit dem Jahre 1930, sie beschränkte sich vorläufig auf den Erzaltai, Kalba, das Kohlenbecken von Karaganda und einzelne Gebiete Zentralkasachstans. 1940 waren damit erst 8% des Territoriums der Kasachischen SSR durch geologische Arbeiten erfaßt worden. Bis zum 1. 1. 1957 waren 1270000 km², d. h. 46% der Gesamtfläche Kasachstans im Maßstab 1:200000 kartiert.

Vor 1917 waren nur einige zutage ausstreichende Lagerstätten bekannt, wie die Kupferlagerstätten Dsheskasgan, Ridder und Uspensk, ferner die polymetallische Lagerstätte Alexandrowsk, die ungenügend erkundet waren und im Raubbau gewonnen wurden. Lagerstätten seltener Metalle wurden erst nach 1930 entdeckt.

In der Vorratsbilanz der UdSSR belief sich der Anteil der Kasachischen SSR an erkundeten Vorräten der wichtigsten mineralischen Rohstoffe nach dem Stand vom 1. 1. 1956 auf folgende Verhältniszahlen: Blei 62%, Zink 43%, Kupfer 44%, Chromit 89%, Wolfram 44%, Molybdän 21%, Phosphorite 54%. Unter Berücksichtigung der Ergebnisse, die die geologischen Erkundungsarbeiten in den Jahren 1956 und 1957 geliefert haben, rückte Kasachstan hinsichtlich der Wolfram- und Molybdänvorräte an die erste Stelle der Unionsrepubliken.

Die perspektivischen Kohlenvorräte der Kasachischen SSR betragen 140 Mrd t, wovon allein auf das Turgaibecken 40 Mrd t entfallen. Über die Entdeckung großer Eisenerzvorkommen in der Turgai-Ebene wurde in unserer Zeitschrift bereits berichtet.

W. OESTREICH

CHENG YU-CHI

Die Lagerstättenforschung während des ersten chinesischen Fünfjahrplans

Bergbautechnik 1/1958, S. 45—46

Der Autor gibt eine Darstellung der geologischen Forschungsarbeiten und der Erkundung von Lagerstätten, vor allem während der letzten 5 Jahre. Er rechnete für Ende 1957 mit erkundeten Vorräten von mehr als 4,6 Mrd t Eisenerz und 25 Mrd t Steinkohle. Die möglichen Vorräte betragen an Eisenerz über 11 Mrd t und an Kohle etwa 1200 Mrd t.

Die Eisen- und Stahlwerke in Anshan und Penki, Provinz Liaoning, konnten bedeutend vergrößert werden. Mit dem Bau zweier großer Stahlwerke wurde in Wuhan im mittleren Gebiet des Jangtsekiang und in Paotou nördlich der Krümmung des Gelben Flusses in der Inneren Mongolei begonnen. Durch die Verbesserung der Rohstoffbasis für zahlreiche mittlere und kleinere Eisen- und Stahlwerke wird es möglich sein, die jährliche Stahlerzeugung von gegenwärtig über 5 Mio t auf 10—12 Mio t am Ende des zweiten Fünfjahrplans zu erhöhen. Bei der Kohlenförderung wird man während des gleichen Zeitraums eine Steigerung von zur Zeit über 110 Mio auf etwa 200 Mio t erreichen.

Die Lagerstättenforschung, die in China während des ersten Fünfjahrplanes beträchtliche Erfolge nachweisen kann, wird im zweiten Fünfjahrplan noch mehr intensiviert werden. E.

Handbuch der Petrographie der Sedimentgesteine

Band I: Bildungsbedingungen, Eigenschaften und Mineralien der Sedimentgesteine

Band II: Die Sedimentgesteine. — Gostoptechisdat, Leningrad 1958 (russisch)

Die Sedimentgesteine nehmen rund 3/4 der Landoberfläche der Erde ein. Zahlreiche der wichtigsten industriellen Rohstoffe sind ausschließlich, andere zum großen Teil sedimentäre Bildungen. Ihre komplexe Bearbeitung ist deshalb eine der Grundaufgaben der Geologie. Eine zunehmende Rolle spielt dabei die Sedimentpetrographie, die mit einer Vielzahl von Methoden und Zielsetzungen bereits eine Fülle von Ergebnissen gebracht hat.

Ihre wesentlichsten modernen Erkenntnisse wurden durch ein Kollektiv von 29 sowjetischen Autoren in diesem zweibändigen inhaltsreichen Handbuch zusammengefaßt. Das Werk verdiente es, einen größeren Kreis von deutschen Lesern zu finden als es aus sprachlichen Gründen leider der Fall sein wird. Vielleicht würde dann ein Teil der Reserviertheit sedimentpetrographischen Arbeiten gegenüber, die gerade bei jungen Geologen noch zu beobachten ist, überwunden werden.

Der erste Band beginnt mit einigen allgemeineren Arbeiten von L. B. RUCHIN über Verbreitung und Zusammensetzung, Verwitterung, Transport und Ablagerung, Diagenese, Fazies usw. Für den praktisch arbeitenden Geologen ist vor allem ein Kapitel des Autors über Gesteinsklassifikation von Interesse. W. N. KOBRANOWA bringt reichhaltiges Zahlenmaterial über die physikalischen Eigenschaften der Gesteine, u. a. über Porosität, elektrische Leitfähigkeit, Radioaktivität. Über geophysikalische Methoden zur Untersuchung von Gesteinen in Bohrlöchern gibt B. N. DACHNOW einen kurzen inhaltsreichen Abriß. Das charakteristische Verhalten einzelner Gesteinsarten bei verschiedenen Meßverfahren und eine Methode zur genaueren Bestimmung der Lage von Schichtgrenzen an Hand der Bohrlochkurve werden angegeben. In der zweiten Hälfte des ersten Bandes sind die Mineralien der Sedimentgesteine (ohne die der Verwitterungsrinde) und die am Gesteinsaufbau beteiligten Organismenreste beschrieben.

Im zweiten Band werden die einzelnen Sedimentgesteinsgruppen in folgender Reihenfolge behandelt: Pyroklastische, konglomeratische, sandige, tonige Gesteine; Kohle; Allite; eisen-, manganhaltige Bildungen; kieselige, Phosphat-, Kalk-Dolomitgesteine; Gips und Anhydrit, Salze. Der zweite Teil dieses Bandes enthält Kapitel über Kupfer-, Glaukonit-, Zeolith- und Schwefelgesteine, Bitumen und „Naphthide" sowie Boratgesteine.

Jeder Arbeit ist ein Literaturverzeichnis beigegeben, aus dem Interessenten vor allem neuere sowjetische Spezialarbeiten entnehmen werden. Register am Schluß beider Bände, zahlreiche Tabellen und Abbildungen sowie 33 Bildtafeln machen das Handbuch zu einem wertvollen Arbeitsmittel. Namen ausländischer Autoren und einige schwer übersetzbare Fachausdrücke sind auch im Text mit lateinischen Schriftzeichen gedruckt, wodurch Transskriptionsschwierigkeiten umgangen werden. Wir sollten mit russischen Namen usw. entsprechend verfahren.

Untersuchungsmethoden sind in der Regel nicht beschrieben. Sie sollen in einem weiteren Handbuch (Redaktion N. M. STRACHOW) dargestellt werden.

Ein ähnliches Werk in deutscher Sprache ist m. E. ein dringendes Erfordernis, denn „. . . nicht nur die Sedimentpetrographen, deren Zahl schnell wächst, sondern auch der große Kreis der Geologen verschiedener Richtungen und in erster Linie die Erdölgeologen können ohne seriöse Kenntnisse der Petrographie der Sedimentgesteine keine vollwertigen Spezialisten sein." Sl

RUNGE, H.

Die Theorien über die Entstehung des Erdöls

Erdöl und Kohle, 1958, Seite 53—55

Der Autor setzt sich mit den allgemein bekannten Theorien auseinander. Es sei auf die folgenden bemerkenswerten Absätze dieser Arbeit besonders hingewiesen:

„Dafür, daß die Bildung von marinem Faulschlamm durch rasche Einbettung von organischer Substanz auch ohne Sauerstofffreiheit des darüberstehenden Meerwassers KW-stoff-Mengen liefern kann, die durchaus für die Bildung produktiver Erdöllagerstätten ausreichend sein können, sei angeführt, daß SMITH bei der Extrapolation des Gehalts aus dem Meeresuntergrund stammender Kernproben an erdölartigen KWstoffen umrechnend zu einem Erdölvorrat von 0,7—1,7 Mio m³ Erdöl auf einem Raum von nur 4,15 km³ Sediment kommt. Wenn man solche Zahlen in Beziehung setzt zum flächenhaften Ausmaß der geosynklinalen Randsenken von Faltengebirgen sowie von regionalen Senkungs- bzw. Einbruchsbecken, auch wenn diese nicht gleich die Ausmaße des Golfs von Mexiko oder des Sedimentationsbeckens im Mittleren Osten um den Persischen Golf herum besitzen, sondern nur etwa die des Wiener Beckens oder des Oberrheintalgrabens, und wenn man außerdem berücksichtigt, daß zwar die Sedimentmächtigkeiten in den beiden letztgenannten Becken nur etwa 2—3000 m erreichen, daß aber in den USA des öfteren Trogtiefen von 10000—15000 m vorkommen und daß man z. B. nach J. S. CLONINGER die Mächtigkeit der Sedimente im San-Joaquin-Sacramentobecken von Californien auf 20000—25000 m schätzt, dann muß man sich doch wohl der Meinung der amerikanischen Fachleute anschließen, daß diese Vorkommen von — sagen wir einmal dazu — Einbettungsfaulschlamm gewaltige Erdölmengen liefern können, auch wenn diese Faulschlammart nicht den gleich hohen organischen Anreicherungsgrad aufweist wie die der euxinischen Fazies.

Hinzu kommt nun aber noch, daß wir anhand von Untersuchungen der geologischen Bauformen nicht nur viel mehr Sedimentationsbecken der letzterörterten Art kennen als etwa Gebiete mit Faulschlammgesteinen von euxinischer Fazies, sondern daß sich auch die Nutzanwendung dieser jetzt weitestgehend anerkannten Theorie in den Aufschlußarbeiten seit dem Ende des Zweiten Weltkrieges allerbestens bewährt hat, und zwar nicht nur, wie es E. STEBINGER schon in dem 1950 erschienenen Sammelwerk „World Geography of Petroleum" ausführte, bei der großräumigen Planung weltumspannender Konzerne, sondern auch z. B. im viel engeren westdeutschen Rahmen; hier haben die Aufschlußergebnisse und Funde der letzten Jahre immer deutlicher gezeigt, daß sich hier das Erdöl vorzüglich in Verbindung mit derartigen durch Mächtigkeitsanschwellung der Schichtenfolge ausgezeichneten Trogbildungen findet. Man geht sicherlich nicht zu weit, wenn man aussagt, daß eigentlich alle Funde aus den Zeiten bis etwa Ende der dreißiger Jahre doch schließlich dadurch erzielt wurden, daß man sich mehr oder weniger direkt oder indirekt durch das Auftreten von Erdölspuren an der Oberfläche hatte leiten lassen, und daß man erst neuerdings mit großem Erfolg an Hand der vorgetragenen Theorie in absolutes Neuland vorstoßen konnte." E.

DUNNING, H. N. & J. W. MOORE

Porphyrinuntersuchung und die Entstehung des Erdöls

Bulletin of the American Association of Petroleum Geologists, Nov. 1957, Nr. 11, S. 2403—2412

Auf der Grundlage der klassischen Ergebnisse von TREIBS und GRÖNNING über die Bedeutung der Porphyrine in der Erdölgenese haben DUNNING & MOORE spezielle Untersuchungen an Porphyrinen und ihren Metallsalzverbindungen in verschiedenen Erdölen ausgeführt. Dabei kamen sowohl sämtliche chemisch-analytischen Methoden zur Bestimmung der organischen, meist komplexen Metallsalze als auch physikalische Verfahren wie Spektroskopie, Flammenphotometrie, Röntgenspektroskopie und Chromatographie zur Anwendung. Auf diese Weise konnten selbst geringste Spuren von Porphyrinen, Carboxylverbindungen und Metallsalzen nachgewiesen werden.

Die verschiedenartig durchgeführten Analysen (z. T. graphisch in der Arbeit mitgeteilt) ergaben, daß die metallorganischen Salze der Porphyrine in den bituminösen Ablagerungen einen eindeutigen Nachweis für die organische Entstehung solcher Bildungen (besonders des Erdöls) bieten. Darauf hatte schon früher TREIBS mit besonderem Nachdruck mehrfach hingewiesen. Weiterhin fanden die Autoren, daß die Carboxylverbindungen der Porphyrine zeigen, daß die porphyrinenthaltenden Erdöle und ebenfalls andere ähnliche bituminöse Bildungen sich bei niedrigen Temperaturen gebildet haben. Vergleichende Analysen in bezug auf die Komplexsalzverbindungen des Ni und Vd in den Porphyrinen deuten auf Stoffwechselreaktionen tierischer

— Austausch von Hämoglobin — oder pflanzlicher Natur — Austausch von Chlorophyll — während der ersten Bildungsphasen des Erdöls hin; dadurch ist auch eine Gliederung der im Erdöl vorhandenen Porphyrine möglich. Weiterhin gelangten die Verfasser zur Erkenntnis, daß sich das Erdöl in marinen oder brackischen Ablagerungen langsam gebildet habe, wobei asphaltische Öle jüngerer, paraffinhaltige Öle älterer Natur sind.

Ein Literaturnachweis wichtiger Arbeiten beschließt die Arbeit, deren Ergebnisse sowohl für die Geochemie des Erdöls als auch für die Verarbeitung des Erdöls von grundlegender Bedeutung sind.

E. HAMEISTER

GORDON, W. HODGSON and BRUCE, I. BAKER

Vanadium, nickel and porphyrins thermal Geochemistry of petroleum

Bulletin of the American Association of Petroleum Geologists, Nov. 1957, Nr. 11, S. 2413—2426

Für die chemische Untersuchung des Erdöls und den mit ihm in Verbindung stehenden Gehalt an Spurenelementen (vorwiegend Vd und Ni) wird von den Verfassern der obigen Arbeit ein thermochemisches Verfahren angegeben, wobei die Temperaturabnahme nach der Entziehung des Ni und Vd aus dem Erdöl beobachtet wird. So werden die eindeutig feststellbaren thermischen Zustände bei der Entfernung der beiden genannten Metalle messend festgehalten, welche eine Übertragung auf die geologischen Verhältnisse während der Bildungsphasen, natürlich unter der Berücksichtigung hier vorliegender Zeit- und Temperaturbedingungen, gestatteten. Anscheinend könnten danach auch die heute niedrig liegenden Temperaturzustände in den Speichergesteinen ausreichend sein, um offenbar weitverbreitete allgemeine Beobachtungen beim gesamten Bildungsprozeß des Erdöls verständlich zu machen. Weiterhin wurde eine Untersuchung zur Klärung der Verringerung von Porphyrinen, deren Anwesenheit in bituminösen Ablagerungen überhaupt erst für das Auftreten der Metallsalzverbindungen verantwortlich ist, vorgenommen. Die thermochemischen Ergebnisse lassen sich kurz so zusammenfassen: Das Maß für die Mengenabnahme der Porphyrine beträgt z. B. bei 358°C 0,020/Std; es ist beachtlich größer als das, welches für den Entzug der Metalle (Vd: 0,013/Std., Ni: 0,012/Std.) notwendig ist.

Weiterhin wurde die Aktivierungsenergie als Maß für die Temperaturabhängigkeit dieser Reaktionen bestimmt (52,5 Kcal/Mol für die Porphyrinabnahme, 58,6 Kcal/Mol für den Vd- und 57,5 Kcal/Mol für den Ni-Entzug). Danach nimmt das Temperaturintervall zwischen der Porphyrinabnahme und dem Metallentzug mit niederen Temperaturen zu. So müssen die Porphyrine unter der Annahme, daß die gesamte Bildungsgeschichte des Erdöls durch Wärmeverteilungen bestimmt sei, im Erdöl schneller abnehmen als die Metalle entzogen werden. Jedoch das beobachtete relativ konstante Verhältnis des Porphyrin- und Metallsalzgehaltes in den Erdölen, festgestellt an zahlreichen kanadischen Ölen, zeigt, daß diese Tatsache offenbar nicht zutrifft. Es wird daher nach der Meinung der Autoren die Annahme richtig sein, daß direkte thermochemische Vorgänge wenig Einfluß auf die Bildungsgeschichte des Erdöls gehabt haben. Zahlreiche Kurven und Tabellen erklären die Untersuchungsergebnisse und ein reichliches Literaturverzeichnis beschließt die Arbeit.

E. HAMEISTER

BACHMEYER, F.

Erdöl in Österreich

Verlag Natur und Technik, 108 Seiten, 80 Abb., Prof. u. Karten. Wien 1957. DM 6.50

Unter dem Titel „Erdöl in Österreich" gab der Verlag Natur und Technik einen populärwissenschaftlich gehaltenen Sammelband von Aufsätzen der bekanntesten österreichischen Erdölfachleute heraus. Im Mittelpunkt des Werkes stehen die Erdölgebiete Österreichs, deren geologischer Aufbau, Höffigkeitsgrad, Produktion und Perspektiven beschrieben werden. In je einem Beitrag werden auch geophysikalische und bohrtechnische Fragen behandelt.

Die zahlreichen guten Abbildungen, Profile und Karten ermöglichen eine schnelle Übersicht über die einzelnen erdölhöffigen und erdölproduzierenden den Sedimentärbecken Österreichs.

Als Beispiel der geologischen Dokumentation sei auf das Profil der Molassebohrung Puchkirchen 1 hingewiesen:

„0,0 bis 2,0 m	Quartär
255,0 m	Helvet
1034,0 m	Burdigal
1846,0 m	Aquitan
	Erosionsdiskordanz
2310,0 m	Chatt
2547,5 m	Rupel
2607,5 m	Latdorf
	Transgression
2781,6 m	Oberer Jura, Malm
2807,0 m	Mittlerer Jura, Dogger(?)
	Transgression
2837,6 m	(Endteufe) Kristallin (Cordieritgneis) der Böhmischen Masse

Im tieferen Latdorf, den Ampfinger Schichten, hat die Bohrung in einer Teufe von 2581 bis 2583 m einen 2 m mächtigen Ölsand durchfahren, aus welchem die Sonde seit 27. Mai 1956 fördert. Die Anfangsproduktion betrug etwa 30 t täglich freifließend, im Laufe der Zeit ging die Förderung allmählich auf etwa 10 bis 15 t zurück, und seit 15. Dezember 1956 liefert sie im Pumpbetrieb etwa 10 bis 12 t wasserfreies Öl. Das Öl ist, im Gegensatz zu jenem in Ampfing (Bayern), paraffinös und hat ein spezifisches Gewicht von 0,854."

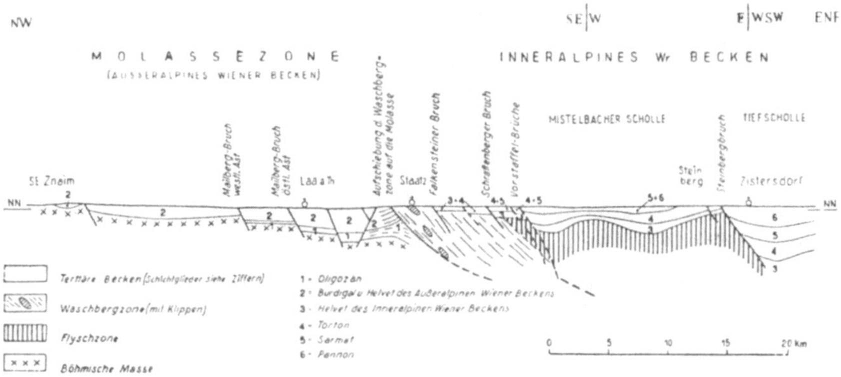

Geologisches Profil durch das Außeralpine und Inneralpine Wiener Becken (nach H. BÜRGL, R. JANOSCHEK & R. GRILL, 1957)

Für den Geologen sind besonders aufschlußreich die folgenden Beiträge:

WIESENEDER, H.: „Das Erdöl und seine Entstehung";
KÖLBL, L.: „Aufsuchen von Erdöl (Erdgas)";
GRILL, R.: „Die österreichischen Erdölgebiete" und „Die aufgeschlossenen Erdölreserven Österreichs und die Aussichten auf Entdeckung neuer Felder";
FRIEDL, K.: „Das Wiener Becken";
JANOSCHEK, R.: „Die Molassezone" und „Das Grazer Becken".

Als Beispiel der zum großen Teil wertvollen Abbildungen sei das geologische Profil durch das Außeralpine und Inneralpine Wiener Becken wiedergegeben.

E.

ZULOAGA, G.

Drei Erdölbecken in Venezuela

Petrol. Engineer **29**, Nr. 2, S. B-21 bis B-27.

Die Erdölproduktion Venezuelas betrug im Jahre 1957 etwa 146300000 t. 400000 km² der 912000 km² betragenden Gesamtfläche des Landes gelten als erdölhöffig. Für weniger als 70 000 km² sind bisher Konzessionen vergeben. Reichhaltige Eisenerze bei El Pao und Cerro Bolivar südlich des Orinoco, Gold bei El Callao, Diamanten aus dem Hochland von Guayana (1956 = 94 000 Karat) und die größten Uranvorkommen Südamerikas machen das Land zu einem Dorado, vor allem für die amerikanischen Konzerne. Die Regierungspolitik ist auf die Entwicklung einer breiten privatkapitalistischen „Mittelschicht" gerichtet. Die Masse der Bevölkerung aber lebt weiter in den alten Slums der Großstädte oder in den dörflichen Hütten. Den Aufbau einer modernen Petrochemie zur Verarbeitung der Erdölprodukte, der große Investitionen erfordert, betreibt der Staat als kapitalistischer Großunternehmer selbst, bis jetzt ohne Beteiligung ausländischer Konzerne.

Das erste venezolanische Ölfeld wurde 1914 entdeckt. Heute wird in allen drei großen Sedimentärbecken des Landes Erdöl gefördert. Am bedeutendsten ist das *Maracaibobecken* mit einer Gesamtförderung bis Ende 1956 von rd. 1,066 Mrd t und rd. 1,664 Mrd t nachgewiesenen Vorräten. Der Hauptteil des produzierenden Gebietes zieht sich als breiter Gürtel am NE-Ufer des Maracaibo-Sees hin (sog. Bolivar-Küstenfeld). Nach 35jähriger Entwicklung sind die Grenzen dieses 54 Meilen langen und 25 Meilen breiten Feldes noch nicht überall bekannt. Die Landkonzessionen besitzt Shell. Im See haben auch die Mene Grande Oil Comp. (Gulf Oil) und die Creole Petroleum Corp. Konzessionen.

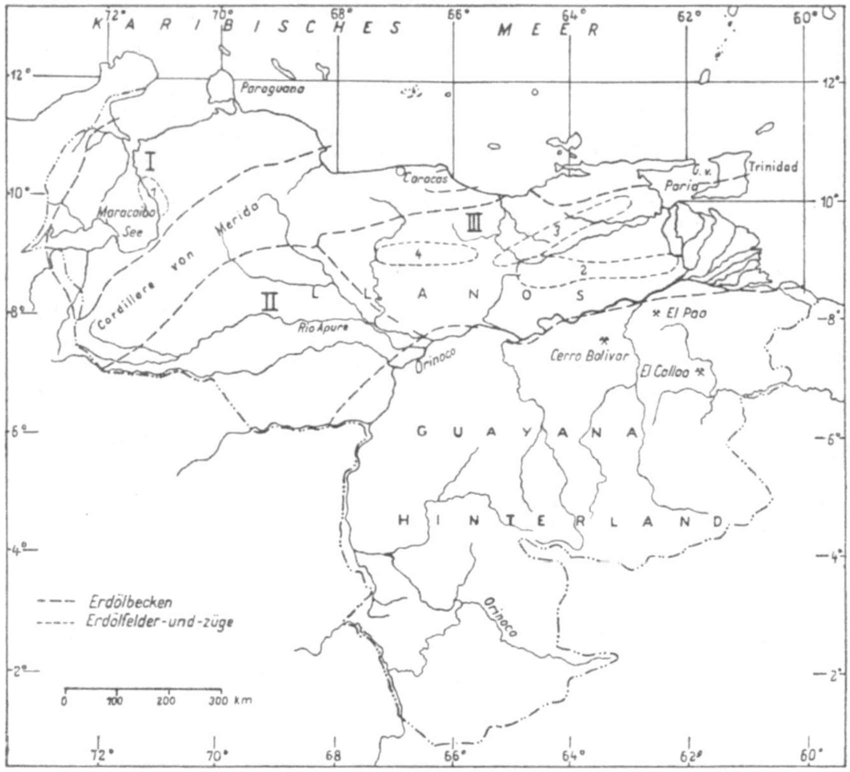

Die Erdölbecken Venezuelas
I Maracaibobecken – II Apure-Barinas-Becken – III Orinocobecken
1 — Bolivar-Küstenfeld; 2 — Tucupita-Templador-Greater Oficina-Zug; 3 — Quiriquire-Jusepin-Anaco-Zug; 4 — Las Mercedes-Tucopido-Zug

Ölführend sind die Lagunillas und die La Rosa-Sande aus dem Miozän, Sandsteine der Misoa-Formation des Eozän und im See die gleichaltrigen Trujillo-Sande. Aus der Kreide wurde trotz 12jähriger Versuche bisher keine Produktion erzielt. Die Miozänlager sind stratigraphische Fallen in einer flach SW-fallenden Monokline. Das Eozän ist gefaltet.

In den Feldern im NW des Sees wird aus Paläozän-Eozän-Sanden ein schweres, hochviskoses Öl gefördert. Seit 1944 besteht eine größere Produktion aus klüftigen, dichten Kreidekalken. Auch zerklüfteter Granit ist produktiv. Die Produktion aus der Kreide eröffnete große Perspektiven für das gesamte Becken.

Der Abtransport des Öls erfolgt über Pipelines in die Raffinerien oder zur direkten Verladung in Tankschiffe nach Maracaibo oder der Halbinsel Paraguana. Die Barre am Eingang des Maracaibo-Sees, die den Tankerverkehr sehr behindert, wird z. Z. durch einen 21 Meilen langen Kanal für 35 000 t-Tanker befahrbar gemacht. Ferner werden gegenwärtig Anlagen zum Einpressen des in den Raffinerien anfallenden Gases in die Lagerstätten errichtet. Dadurch soll der Lagerstättendruck erhöht und das Gas für spätere Verwendung gespeichert werden. 1956 wurden etwa 70% des in Venezuela geförderten Erdgases abgefackelt, rd. 18% wurden in Lagerstätten zurückgepreßt, 7% verwendeten die Erdölbetriebe als Brennstoff, rd. 3% wurden an andere Verbraucher verkauft.

Das *Orinocobecken* ist wie die anderen fast rings von Gebirgen umgeben. Die Ölfelder sind in drei Zügen angeordnet:

a) Quiriquire-Jusepin-Anaco-Zug

In Quiriquire findet sich das Öl in großenteils kontinentalem Mio-Pliozän, einer Wechsellagerung von Tonen mit Sanden und Kiesen. Maximal wurden 700 ft Ölsandmächtigkeit festgestellt. Das Eozän führt nur Gas.

Im Jusepin-Feld ist das Öl an Linsen von Oligozänsand und an den feinkörnigen La Pica-Sand im Mittelmiozän gebunden. Durch Fazieswechsel von Sand nach Ton konnten sich Fallen bilden. Im Anaco-Gebiet herrschen Dome mit flachen NW- und steileren SE-Flanken vor. Träger sind relativ dünne Sandsteinlagen zwischen Schieferton im Oligozän/Miozän. 26 Ölsande sind produktiv.

b) Tucupita-Temblador-Greater Oficina-Zug

Ölführend sind die Oficina-Sande (und Arkosen) des Oligozän. Die Ölakkumulation erfolgte in tektonischen Fallen, die sich an Längs-(ENE-WSW) und Querstörungen (NW-SE) bildeten. Das mit dem Öl geförderte Salzwasser erfordert besondere Separationsanlagen. Die Porosität der mittelkörnigen Speichersande liegt bei 12—25%, die Permeabilität bei 100—1000 Millidarcy.

c) Las Mercedes-Tucopido-Zug

Hier wird seit 1945 produziert.

Das *Apure-Barinas-Becken* ist durch eine schmale Grundgebirgsschwelle vom Orinocobecken getrennt. Bisher wurden einige Dutzend Bohrungen niedergebracht, die zum Aufschluß eines Ölfeldes führten. Sl.

Rosin, M. C.

Geografija polesnych ikopajemych Afriki

Gos. Izdat. Geograf. Lit., Moskau 1957

Das Buch enthält eine sorgfältig zusammengetragene Sammlung von Material über die nutzbaren Lagerstätten Afrikas. Der Stoff ist zunächst nach regionalen Gesichtspunkten und innerhalb der einzelnen größeren Kapitel nach Rohstoffen geordnet. Nacheinander werden diese Vorkommen und Vorräte an nutzbaren mineralischen Bodenschätzen von Nordafrika, Westafrika, Zentralafrika, Südafrika und Ostafrika besprochen. Beigegebene Karten zeigen die geographische Lage der einzelnen Lagerstätten. Einige Angaben sind, wie es in einem solchen Handbuch nicht anders möglich ist, bereits etwas veraltet, weil sie im allgemeinen nur bis zum Jahre 1955 reichen. Wir nehmen an, daß bald eine Neuauflage des Buches herauskommen wird und daß dann in ihr auch diese zukunftsreichen Lagerstätten nicht mehr fehlen werden.

1. Геолого-поисковые = Geologische Suchbohrungen					
Карти-ровочные = Kartierungs-bohrungen	Структурные = Struktur-bohrungen	Опорные = Basis-bohrungen	Параметри-ческие = Parameter-bohrungen	Регионально-профильные = Regional-Profilbohrungen	Пои = boh
Feststellung des Untergrundes beim Kartieren in quartär-bedeckten Gebieten	Feststellung geologischer Strukturen zur Vorbereitung von Aufschluß-bohrungen	Vorbereitung von Vorerkundungs- u. Erkundungs-arbeiten in nicht abgebohrtem Gelände	Feststellung der physikalischen Parameter der Gesteine	Aufstellung eines regionalen Struk-turplanes (be-sonders bei der Erkundung in Tafelgebieten, in Vor- und Innen-senken) und Detaillierung der Stratigraphie und Lithologie dieser Gebiete	Auffin Lagers bisher duziere Gebiet
A) Untersuchungsbohrungen					
Untersuchungsbohrprogramm					B 1) A bhg.

[1]) WYSSOZKI, I. W. u. a.: Zur Klassifikation von Bohrungen. – Geologija nefti **1**, H 8, S. 8–12; Moskau 1957; russisch.

Nachrichten und Informationen

Gegen Atomtod!

Der Prawda vom 2. 4. 1958 entnehmen wir den folgenden Beitrag des Präsidenten der Akademie der Wissenschaften der UdSSR, A. N. NESMEJANOW:

„Der Beschluß des Obersten Sowjets der UdSSR über die einseitige Einstellung der Versuche mit Atom- und Wasserstoffwaffen durch die Sowjetunion ist ein neuer wichtiger Schritt im Kampf für den Frieden, für Leben und Gesundheit der Menschen. Mit diesem überaus bedeutungsvollen Akt hat die Sowjetunion noch einmal ihren unerschütterlichen Willen demonstriert, alles, was in ihrer Macht steht, zu tun, um den Frieden zu erhalten und einen Kernkrieg abzuwenden, keine Massenvernichtung der Völker, keine Vernichtung der materiellen und kulturellen Werte der Menschheit zuzulassen.

Die Erregung, von der in immer größerem Maße die Menschen unseres Erdballs ergriffen werden, die sich über die heraufziehende Gefahr eines Kernkrieges und über seine Folgen im klaren sind, ist durchaus verständlich. Immer lauter werden die Stimmen des Protestes gegen die laufenden Versuchsexplosionen von Atombomben.

Es ist wahrlich das vordringlichste Problem unserer Zeit, auf jeden Fall das drohende Unglück von den Völkern des Erdballs abzuwenden.

Der Kampf gegen Kernwaffenversuche ist das erste und wichtigste Glied im Kampf um den Frieden, im Kampf gegen einen Kernkrieg.

Ein entscheidendes Moment ist eingetreten. Die fortschrittlichen Kräfte der ganzen Welt und vor allem die Wissenschaftler müssen alle Kraft daransetzen, um unverzüglich und überall die Einstellung von Versuchen mit Atom- und Wasserstoffwaffen zu erzwingen. Diese Versuche bergen die außerordentlich große Gefahr der Verbreitung der Radioaktivität mit ihren schweren Folgen für das Leben und die Gesundheit der Menschen in sich, die wir Wissenschaftler uns sehr gut vorstellen können.

Die Erprobung von Atomwaffen führt zu einer sich beständig anhäufenden Vergrößerung der natürlichen Radioaktivität. Die Wissenschaft verfügt gegenwärtig über Angaben, die davon zeugen, daß jegliche Erhöhung der natürlichen Radioaktivität schädliche Einwirkungen auf den Menschen hat. Eine längere Einwirkung kleiner Dosen bringt schon eine Verkürzung des Lebens, vorzeitiges Altern und eine Verringerung des Widerstandes des Organismus, eine Erhöhung der Krankheitsfälle an Krebs und Leukämie mit sich.

Aber am gefährlichsten für die Menschheit ist nicht der schädliche Einfluß auf den Menschen selbst, der der Strahlungseinwirkung unterliegt, sondern auf seine Nachkommen. Die schädliche Wirkung großer Dosen von Röntgenstrahlen auf die Nachkommen ist seit langem bekannt. Jede Erhöhung des Niveaus der radioaktiven Strahlen, die ebenfalls auf den Organismus einwirken, stört seine normalen Erbanlagen. Der Grad dieser Störung hängt von den Dosen der ionisierten Strahlen direkt ab.

Wenn die Länder, die über Atomwaffen verfügen, ihre Versuche weiter fortsetzen, so werden in nächster Zeit Millionen Menschen geboren werden, die mit schweren erblichen Krankheiten belastet sind.

Deshalb sind wir gegen Kernversuche, deshalb haben wir sowjetischen Wissenschaftler schon mehrmals die fortschrittlichen Wissenschaftler und Staatsmänner der gesamten Welt aufgerufen, ihre Stimme zum Protest gegen Kernwaffenversuche zu erheben.

Der Oberste Sowjet der UdSSR wendet sich deshalb an die Parlamente aller Länder mit dem Vorschlag, Kernwaffenversuche zu verbieten. Wir hoffen, daß dieser Vorschlag die volle Billigung und Unterstützung der ganzen Welt findet.“ E.

Sibirisches Institut für Geologie und Geophysik

In der Nähe der Stadt Nowosibirsk wird auf Beschluß des Ministerrates der UdSSR eine sibirische Zweigstelle der Akademie der Wissenschaften errichtet. Ihr wurden die Westsibirische, die Ostsibirische, die Jakutische und die Fernöstliche Filiale sowie das Wissenschaftliche Forschungsinstitut in Sachalin und das unlängst fertiggestellte Physikalische Institut in Krasnojarsk angegliedert. Das zentrale sibirische Institut für Geologie und Geophysik wird die Vorkommen von Bodenschätzen in Sibirien studieren (Öl, Gas, seltene Erden, Aluminium u. a). Zu seinen Aufgaben gehören auch die Ausarbeitung neuer Schürfmethoden, das Schürfen nach Bodenschätzen, das Studium der geologischen, hydrogeologischen und geophysikalischen Bedingungen für die Errichtung von großen Ingenieurbauten in Sibirien und Hilfeleistung für die Geologen anderer sibirischer Institute und geologischer Laboratorien. Das neu gegründete Institut kann sich auf ein festes Geologenkollektiv der westsibirischen Filiale der Akademie der Wissenschaften der UdSSR und auf Gruppen von Wissenschaftlern verschiedener geologischer Institute Moskaus und Leningrads stützen.

Internationale Gebirgsdrucktagung 1958

Die Sektion Bergbau der Deutschen Akademie der Wissenschaften zu Berlin führt in Verbindung mit der Bergakademie Freiberg/Sa. vom 14.—16. Oktober 1958 in Leipzig eine „Internationale Gebirgsdrucktagung 1958“ durch. Vorgesehen sind zunächst 18 Vorträge namhafter Vertreter aus 12 Ländern. Behandelt werden: Allgemeine Fragen der Gebirgsdruckwissenschaften; Festigkeitsuntersuchungen, auch Laborversuche an Modellen; Messungsergebnisse für Verformung und Druck, dabei auch geophysikalische und theoretisch-mathematische Untersuchungen; Auswertung von Beobachtungen und Messungen in Grubenbauen; Gebirgsschläge.

Interessenten können vom Vorbereitenden Ausschuß der Internationalen Gebirgsdrucktagung 1958, Berlin C 2, Wallstraße 9, Einladungen anfordern.

Klassifikation von Bohrungen ...[1]

In verschiedenen Ländern mit umfangreichem geologischem Erkundungsprogramm sind in den letzten Jahren Klassifikationen für Erdöl- und Erdgasbohrungen erarbeitet worden (z. B. USA, Mexiko, Kanada: Bull. Amer. Assoc. Petroleum Geologists **41**, Nr. 6, 1957; Westdeutschland: Erdöl und Kohle 8, Nr. 1, 1955; UdSSR: BROD, I. O. & FROLOW, Suche und Erkundung von Erdöl- und Gaslagerstätten. — Gostoptechisdat 1957, russ.) In dem referierten neuen sowjetischen Vorschlag wird auf die Notwendigkeit einer einheitlichen Klassifikation hingewiesen, ohne die eine rationelle Planung des Gesamtkomplexes der Erkundungsarbeiten, eine Einschätzung der Effektivität der Erkundung und regionale Vergleiche kaum möglich sind.

Unter Berücksichtigung früherer Arbeiten sowjetischer Verfasser sowie des amerikanischen Schemas wird eine neue Einteilung vorgeschlagen. Den drei Gruppen Vorerkundungs-, Erkundungs- und Produktionsbohrungen liegen folgende Aufgaben zugrunde:

1. Entdeckung neuer Lagerstätten (und darauf vorbereitende Bohrarbeiten);
2. Erforschung sowie qualitative und quantitative Bewertung von Lagerstätten;
3. rationelle Ausbeutung von Lagerstätten.

Im großen und ganzen läßt sich diese Einteilung mit der westdeutschen (die sich eng an die amerikanische anlehnt) parallelisieren (siehe Tab.). Lediglich die Aufschlußbohrungen werden hier bereits der Gruppe B), Exploration, zugerechnet. Eine Aufteilung der Gruppe 1 in sechs verschiedene Kategorien von Bohrungen wurde bisher in keiner Klassifikation vorgenommen, dürfte sich aber bei einer geologisch und ökonomisch durchgearbeiteten Untersuchungsmethodik als sehr wertvoll erweisen, während die Aufgabe der Konturierungsbohrungen in Westdeutschland von den Erweiterungsbohrungen mitgelöst wird. Interessant ist, daß der Geophysik mit den Parameterbohrungen offenbar Bohrlöcher ausschließlich für ihre Zwecke zur Verfügung gestellt werden.

Der ständig steigende Umfang geologischer Erkundungsarbeiten auf Erdöl und Erdgas in unserer Republik, mit dem auch eine Entwicklung der Erkundungsmethodik einhergeht, macht eine Klassifikation besonders der Vorerkundungsarbeiten erforderlich.

Die referierte Arbeit kann als Grundlage zur Überprüfung der bei der StGK bereits angewandten Klassifikation dienen, die sich an westdeutsche und ältere sowjetische Schemata anlehnt. Sl.

[1]) WYSOZKI, I. W. u. a.: Zur Klassifikation von Bohrungen. — Geologija nefti H. 8, S. 8—12; Moskau 1957; russisch.

Neue Produktionsziffern der Grundstoffindustrie Volkschinas

In der sowjetischen Tagespresse wurden folgende Ziffern über den Fortschritt der Grundstoffindustrie der Volksrepublik China mitgeteilt:

Im Laufe des Fünfjahrplans stieg die Gesamtproduktion der Industrie auf 132,5 Prozent an. Von 1952 bis 1957 erhöhte sich die

Stahlproduktion von 1,35 Mio t auf 5,24 Mio t,
Kohlenförderung von 63,53 Mio t auf 122,44 Mio t,
Elektroenergieerzeugung von 7,26 Mio kWh auf 19,03 Mio kWh.

Energieverbrauch in der Bundesrepublik

„Glückauf" 1958, S. 194 entnehmen wir folgende Darstellung über den Energieendverbrauch nach Energieformengruppen in der Bundesrepublik. Der Vergleich zwischen dem Verbrauch der Jahre 1950 und 1956 zeigt deutlich, daß auch wie überall in der Welt, in der Bundesrepublik der Sektor der festen Brennstoffe abnimmt, während der Prozentgehalt im Verbrauch von elektrischem Strom, gasförmiger und flüssiger Heizstoffe gering ansteigt.

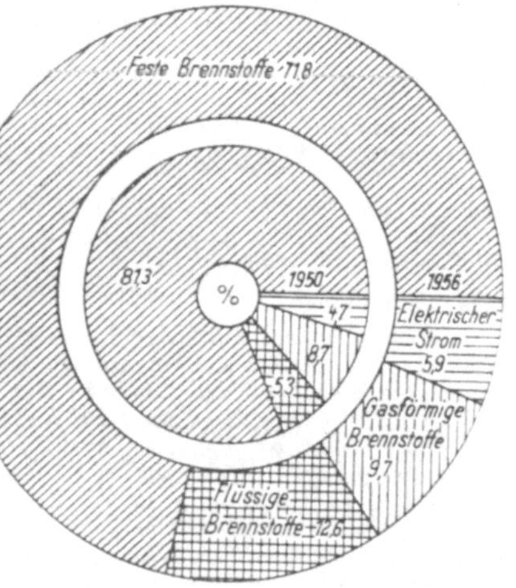

Energieendverbrauch nach Energieformengruppen (aus „Glückauf")

Intensivierung der Erdölsuche in den OEEC-Ländern

Der Erdölausschuß des Europäischen Wirtschaftsrates (OEEC) hat sich an seine Mitgliedstaaten mit der Aufforderung gewandt, die Suche nach Erdöl auf dem europäischen Kontinent und in Großbritannien zu verstärken. Der Ausschuß legte eine mehrfarbige geologische Übersichtskarte vor, die erstmalig ein umfassendes Bild der aufgefundenen Erdöl- und Erdgasvorkommen der wichtigsten Strukturen und der nach ihrer Höffigkeit klassifizierten sedimentären Ablagerungen gibt. Die Einordnung der geologischen Voraussetzungen für die Ansammlung von Kohlenwasserstoffen im Berichtsgebiet ergibt folgendes summarisches Bild:

	Fläche (Mio km²)	Flächenanteil (%)
1. Formationen, deren Untersuchung völlig aussichtslos erscheint	1,6	37,3
2. Sedimentationsbecken, deren Untersuchung keine oder nur sehr geringe Erfolgsaussichten bietet	1,1	25,1
3. Sedimentationsbecken, die Erfolgsaussichten bieten, aber noch nicht hinreichend erforscht sind	1,0	23,3
4. Sedimentationsbecken, deren weitere Untersuchung gute Erfolgsaussichten bietet	0,6	14,3
	4,3	100,0

Folgende Erwägungen führen zu dem Schluß, daß von einer weiteren intensiven Aufschlußtätigkeit gute Erfolge zu erwarten sind:

1. Große Teile der unter die aussichtsreichen Kategorien 3 und 4 fallenden Gebiete sind noch nicht bzw. unzureichend erforscht, besonders in Ländern, die bisher keine Erdölproduktion haben.
2. Die Untersuchung übertiefer, höffiger Formationen steht noch in ihren ersten Anfängen.
3. Erst und gerade in jüngster Zeit (nach dem zweiten Weltkrieg) sind mehrere der ergiebigsten europäischen Ölfelder — Schoonebek (Niederlande), Rühle (Deutschland), Matzen (Österreich), Parentis (Frankreich), Ragusa (Italien) und die großen Gasfelder der Poebene (Italien) und von Lacq (Frankreich) entdeckt worden.
4. Die Aufschlußbohrtätigkeit weist bisher eine beachtliche Erfolgsquote auf.

Besonders empfohlen werden Schürfarbeiten im Lusitanischen Becken (Portugal), im Andalusischen Becken (Südwest-Spanien), im Ebro-Becken (Nordost-Spanien), in der Languedoc (Mittelfrankreich) und im Pariser Becken, in den Sedimentärbecken Mittel- und Südenglands, im Molassebecken nördlich der Alpen, in Sizilien und an der Ostküste Italiens, in Thrazien (südlich des Balkangebirges) und im Südosten der Türkei.

Erdöl im Pariser Becken

Nunmehr ist durch die Aufschlußbohrung CS 1, die bei Coulommes (Seine et Marne) liegt, nachgewiesen, daß auch in der Tiefe des Pariser Beckens Erdöl auftritt. In dieser Bohrung liegen fündige Horizonte zwischen 1853—1875 m Teufe. Ein Fördertest erbrachte in zwei Stunden einen Zufluß von 8 m³ Rohöl vom spez. Gew. 0,800.

Neues Erdgasfeld in Rumänien

Ende 1957 wurde ein großes Erdgasvorkommen bei Craiova in Rumänien entdeckt. Es sind sofort Maßnahmen eingeleitet worden, um den Gasbedarf der fast 100000 Einwohner zählenden Stadt zu decken. Das Gas ist sehr rein. Es besteht aus 98,4% Methan, 0,95% Äthan und 0,65% Propan. Die Vorräte der bisher erkundeten Speichergesteine sind auf 7 Mrd m³ berechnet worden.

Noch eine neue Eisenerzlagerstätte in der Sowjetunion

Die „Prawda" berichtete aus Krementschuk (Ukraine), daß am Dnjepr ein neues Eisenerzbecken entdeckt wurde— die Kriworoger Magnetanomalie. In der Nähe von Galeschtschina wurden Erze des Kriworoger Typs, bei Gorischnja Plawnja leicht aufbereitbare eisenhaltige Quarzite gefunden. Ein bedeutender Teil der Vorräte kann im Tagebau gewonnen werden. Die technologische Untersuchung zeigte, daß die Erze bei Galeschtschina fast keinen Phosphor und keinen Schwefel enthalten, somit für Martinöfen verwendet werden können.

Man rechnet damit, daß dieses neue Erzbecken nach seiner industriellen Erschließung jährlich bis 15 Millionen Tonnen Reicherz und Konzentrate hoher Qualität liefern kann.

Sta.

Neues Eisenerzvorkommen im Mittelwesergebiet

Die Barbara Erzbergbau AG hat in den Landkreisen Hoya und Diepholz auf einem Gebiet von etwa 35 km² bisher 10 Aufschlußbohrungen niedergebracht. In Tiefen von 1000 bis 1200 m wurden Erzlager bei Staffhorst, Üpsen, Hardenborstel, Brake, Schwaförden und Mallinghausen erbohrt. Das Erz ist schwach sauer, den Salzgitter-Erzen angeblich überlegen und soll in der Qualität etwa den Giffhorner Erzen entsprechen. Die Aufschlußarbeiten werden fortgesetzt, um die neue Lagerstätte abzugrenzen.

Bauplatten aus Xyliten

In immer größerem Maße geht man dazu über, die in den Lausitzer Tagebauen anfallenden bedeutenden Mengen von Xyliten für die Herstellung von Bauplatten, Wand-, Decken- und Fußbodenverkleidungen zu verarbeiten, indem die Xylite maschinell zerfasert und dann mit anorganischen und organischen Bindemitteln gemischt werden. Vom Institut für Holztechnologie und Faserstoffe in Dresden wurde die Verarbeitungstechnologie erarbeitet und die technischen Vorteile gegenüber herkömmlichen Bauhölzern, wie hohe Widerstandsfähigkeit gegen Feuchtigkeit und Pilzbefall sowie bessere Isolierfähigkeit festgestellt.

hc

In den nächsten Heften

der

Zeitschrift für angewandte Geologie

erscheinen u. a. folgende Beiträge:

G. A. Amossow & N. B. Wassojewitsch: Über Methoden zur Bestimmung der Temperatur, bei der die Erdölbildung erfolgt

M. Volk: Die oberdevonischen Wetzschiefer von Steinach in Thür. und ihre industrielle Bedeutung

R. Hohl: Hydrogeologische Fragen im Rahmen der Braunkohlenerkundung in Nordwestsachsen

J. Klengel: Laboruntersuchungen zur Feststellung der Frostveränderlichkeit von Lokker- und Felsgesteinen

R. Straubel: Die Aufgaben des Markscheiders bei der geologischen Erkundung

G. Hedrich: Über die Gewinnung und Verarbeitung einheimischer Schmucksteine — insbesondere Achate

K. Steinike: Quantitativ-mineralogische Untersuchungen an der Roteisenerzlagerstätte Pörmitz bei Schleiz/Thür.

H. Reh: Über die neuen Nickelvorkommen in Manitoba, Kanada

H. Bartzsch: Bemerkungen zum gegenwärtigen Stand der Hochfrequenzseismik und zu ihrer Bedeutung

L. Lerbs: Die Genauigkeit der für die Vorratsberechnung benutzten markscheiderischen Unterlagen

U. Wolf & H. Rothe: Über die Umwandlung und Neubildung von Schwermineralien in Sedimentgesteinen

W. Mielecke: Über den „Septarienton" von Nennhausen bei Rathenow

J. Burek: Geochemische Prospektion

J. Kuhl & J. Widawska: Über das Auftreten von Spurenelementen in den Blei-Zinkerzen der Schlesisch-Krakauer Trias

I. O. Brod: Das Problem der Bildung von Öl- und Gasakkumulationen unter dem Aspekt der Theorie der Erdölmuttergesteinsfolgen

W. Weisbrod: Zur weiteren Durchführungsbestimmung über die Rekultivierung von Braunkohlentagebauen

R. Köhler & F. Reuter: Einige ingenieurgeologische Probleme beim Bau von Talsperren in der ČSR

L. Eissmann: Zur Kenntnis der hydrogeologischen Verhältnisse im Raum von Bad Düben

R. Straubel: Versuche zur seismischen Orientierung von Grubenbauen

D. A. Senkow: Über die Genauigkeit der Erkundungsprofile